住房城乡建设部土建类学科专业"十三五"规划教材
建筑数字技术系列教材

建筑参数化设计

孙 澄 编 著

中国建筑工业出版社

图书在版编目（CIP）数据

建筑参数化设计 / 孙澄编著. —北京：中国建筑工业
出版社，2019.12（2024.9 重印）
住房城乡建设部土建类学科专业"十三五"规划教材.
建筑数字技术系列教材
ISBN 978-7-112-24366-2

Ⅰ.①建⋯　Ⅱ.①孙⋯　Ⅲ.①建筑设计－高等学校－
教材　Ⅳ.①TU2

中国版本图书馆 CIP 数据核字（2019）第 233348 号

　　《建筑参数化设计》是住房城乡建设部土建类学科专业"十三五"规划教材。本书系统阐释了建筑参
数化设计内涵外延和发展脉络，解析了建筑参数化设计思维，详细阐述了建筑信息参数化建模、建筑性能
参数化模拟、建筑方案多目标优化和参数化表达的方法、策略、工具和实例。本书适于对建筑参数化设计
感兴趣的广大读者阅读，可作为高等院校建筑学及相关专业的本科和研究生教材，也可供从事建筑设计和
施工的工程技术人员参考使用。本教材设有QQ交流群（819846806）教师可实名（学校和姓名）加群。

责任编辑：王　惠　陈　桦
责任校对：芦欣甜

　　为了更好地支持相应课程的教学，我们向采用本书作为教材的教师
提供课件，有需要者可与出版社联系。
　　建工书院：http://edu.cabplink.com
　　邮箱：jckj@cabp.com.cn　电话：（010）58337285

住房城乡建设部土建类学科专业"十三五"规划教材
建筑数字技术系列教材
建筑参数化设计
孙　澄　编　著
*
中国建筑工业出版社出版、发行（北京海淀三里河路9号）
各地新华书店、建筑书店经销
北京雅盈中佳图文设计公司制版
建工社（河北）印刷有限公司印刷
*
开本：787×1092毫米　1/16　印张：13¼　字数：274千字
2020年9月第一版　2024年9月第三次印刷
定价：**49.00元**（赠教师课件）
ISBN　978-7-112-24366-2
　　　　　（34866）

本系列教材编委会

序　言

近年来，随着产业革命和信息技术的迅猛发展，数字技术的更新发展日新月异。在数字技术的推动下，各行各业的科技进步有力地促进了行业生产技术水平、劳动生产率水平和管理水平在不断提高。但是，相对于其他一些行业，我国的建筑业、建筑设计行业应用建筑数字技术的水平仍然不高。即使数字技术得到一些应用，但整个工作模式仍然停留在手工作业的模式上。这些状况，与建筑业是国民经济支柱产业的地位很不相称，也远远不能满足我国经济建设迅猛发展的要求。

在当前数字技术飞速发展的情况下，我们必须提高对建筑数字技术的认识。

纵观建筑发展的历史，每一次建筑的革命都是与设计手段的更新发展密不可分的。建筑设计既是一项艺术性很强的创作，同时也是一项技术性很强的工程设计。随着经济和建筑业的发展，建筑设计已经变成一项信息量很大、系统性和综合性很强的工作，涉及建筑物的使用功能、技术路线、经济指标、艺术形式等一系列且数量庞大的自然科学和社会科学的问题，十分需要采用一种能容纳大量信息的系统性方法和技术去进行运作。而数字技术有很强的能力去解决上述的问题。事实上，计算机动画、虚拟现实等数字技术已经为建筑设计增添了新的表现手段。同样，在建筑设计信息的采集、分类、存贮、检索、分析、传输等方面，建筑数字技术也都可以充分发挥其优势。近年来，计算机辅助建筑设计技术发展很快，为建筑设计提供了新的设计、表现、分析和建造的手段。这是当前国际、国内层出不穷的构思独特、造型新颖的建筑的技术支撑。没有数字技术，这些建筑的设计、表现乃至于建造，都是不可能的。

建筑数字技术包括的内容非常丰富，涉及建筑学、计算机、网络技术、人工智能等多个学科，不能简单地认为计算机绘图就是建筑数字技术，就是 CAAD 的全部。CAAD 的"D"不应该仅仅是"Drawing"，而应该是"De-sign"。随着建筑数字技术越来越广泛的应用，建筑数字技术为建筑设计提供的并不只是一种新的绘图工具和表现手段，而是一项能全面提高设计质量、工作效率、经济效益的先进技术。

建筑信息模型（Building Information Modeling，BIM）和建设工程生命周期管理（Building Lifecycle Management，BLM）是近年来在建筑数字技术中出现的新概念、新技术，BIM 技术已成为当今建筑设计软件采用的主流技术。BLM 是一种以 BIM 为基础，创建信息、管理信息、共享信息的数字化方法，能够大大减少资产在建筑物整个生命期（从构思到拆除）中的无效行为和各种风险，是建设工程管理的最佳模式。

建筑设计是建设项目中各相关专业的龙头专业，其应用 BIM 技术的水平将直接影响到整个建设项目应用数字技术的水平。高等学校是培养高水平技术人才的地方，是传播先进文化的场所。在今天，我国高校建筑学专业培养的毕业生除了应具有良好的建筑设计专业素质外，还应当较好地掌握先进的建筑数字技术以及 BLM-BIM 的知识。

而当前的情况是，建筑数字技术教学已经滞后于建筑数字技术的发展，这将非常不利于学生毕业后在信息社会中的发展，不利于建筑数字技术在我国建筑设计行业应用的发展，因此我们必须加强认识、研究对策、迎头赶上。

有鉴于此，为了更好地推动建筑数字技术教育的发展，全国高等学校建筑学学科专业指导委员会在 2006 年 1 月成立了"建筑数字技术教学工作委员会"。该工作委员会是隶属于专业指导委员会的一个工作机构，负责建筑数字技术教育发展策略、课程建设的研究，向专业指导委员会提出建筑数字技术教育的意见或建议，统筹和协调教材建设、人员培训等的工作，并定期组织全国性的建筑数字技术教育的教学研讨会。

当前社会上有关建筑数字技术的书很多，但是由于技术更新太快，目前真正适合作为建筑院系建筑数字技术教学的教材却很少。因此，建筑数字技术教学工委会成立后，马上就在人员培训、教材建设方面开展了工作，并决定组织各高校教师携手协作，编写出版《建筑数字技术系列教材》。这是一件非常有意义的工作。

系列教材在选题的过程中，工作委员会对当前高校建筑学学科师生对普及建筑数字技术知识的需求作了大量的调查和分析。而在该系列教材的编写过程中，参加编写的教师能够结合建筑数字技术教学的规律和实践，结合建筑设计的特点和使用习惯来编写教材。各本教材的主编，都是富有建筑数字技术教学理论和经验的教师。相信该系列教材的出版，可以满足当前建筑数字技术教学的需求，并推动全国高等学校建筑数字技术教学的发展。同时，该系列教材将会随着建筑数字技术的不断发展，与时俱进，不断更新、完善和出版新的版本。

全国十几所高校 30 多名教师参加了《建筑数字技术系列教材》的编写，感谢所有参加编写的老师，没有他们的无私奉献，这套系列教材在如此紧迫的时间内是不可能完成的。教材的编写和出版得到欧特克软件（中国）有限公司和中国建筑工业出版社的大力支持，在此也表示衷心的感谢。

　　让我们共同努力，不断提高建筑数字技术的教学水平，促进我国的建筑设计在建筑数字技术的支撑下不断登上新的高度。

高等学校建筑学专业指导委员会主任委员　仲德崑

建筑数字技术教学工作委员会主任　李建成

2006 年 9 月

前　言

　　复杂性科学深化了建筑学科对人居环境多系统耦合机理的认知，尤其是当代建筑功能的复合化发展，以及可持续理念下环境影响与性能关系的量化考虑，都激发了建筑设计信息量的井喷式增长。面对汹涌澎湃的建筑信息洪流，建筑学正经历着一场信息化转型，建筑参数化设计顺势发展，成为同绿色建筑、智能建筑、可持续设计等并列的另一当代建筑设计科学研究与创作实践热点。尤其是人工智能领域的快速发展，更为建筑的参数化设计提供了强劲动力。

　　工程领域的复杂性科学思想的演化与工程实践诉求促发了参数化设计思维的产生，推动了参数化设计理论、方法、技术和工具的快速发展。如何将参数化设计思维、方法和技术有机地融入建筑科学，推动建筑设计思维演化，促发设计流程与策略重构并推动建筑设计技术工具革新，已成为亟待探索的热点问题。

　　本书是住房城乡建设部土建类学科专业"十三五"规划教材。在梳理建筑参数化设计概念及其发展脉络的基础上，从建筑参数化设计思维、建筑信息参数化建模、建筑性能参数化模拟和建筑方案多目标优化四个方面探讨了建筑参数化设计的前沿理论、方法和工具。并结合实际案例，阐述了建筑参数化建构的关键技术。

　　本教材内容广泛且具有前瞻性，全书共分7章，内容包括：建筑参数化设计概述、建筑参数化设计思维、建筑信息参数化建模、建筑性能参数化模拟、建筑方案多目标优化、建筑方案参数化表达和建筑方案参数化建构等。本教材适用于建筑学及其相关专业本科生、研究生作为教学参考书，也可以作为相关课程的选用教材。同时也适宜于建筑设计人员的阅读、参考，使读者在阅读和学习后对建筑数字技术的概貌有较为全面的了解。

　　本书各章节安排如下：

　　第1章　建筑参数化设计概述——本章详细阐述了建筑参数化设计的相关概念，解析了参数化设计作为一种技术工具的内涵与外延，并从计算机发展促成的参数化建模、石油危机引发的参数化模拟、复杂性科学催生的参数化决策支持及依托数控平台发展的参数化建构四个方面分别阐述建筑参数化的发展脉络。

　　第2章　建筑参数化设计思维——本章具体阐述了建筑设计思维的演变过程，首先对于设计思维的含义和分类进行阐述，进而总结其主要特征，然后具体解析在数字技术的推动下，由"自上而下"设计思维到生成设计思维，再到性能驱动设计思维的发展过程，并结合具体案例分析了这三种设计思维的特征与局限性，提出其发展趋势。

第 3 章　建筑信息参数化建模——本章从参数化建模逻辑、参数化建模过程和参数化建模完善三方面阐述了建筑信息参数化建模方法，以 Grasshopper 和 Dynamo 为例介绍了参数化建模工具，并解析了参数化建模实例。

第 4 章　建筑性能参数化模拟——本章从建筑性能参数化模拟定义、流程和技术优势三方面阐释了建筑性能参数化模拟方法，介绍了建筑性能参数化模拟中的建筑模型精细化策略、能耗参数化模拟策略、自然采光性能参数化模拟策略、CFD 建筑环境参数模拟策略，解析了能耗、采光和 CFD 参数化模拟工具，并结合实例系统说明了建筑性能参数化模拟方法、策略和工具的实践应用情况。

第 5 章　建筑方案多目标优化——本章立足于人工智能时代语境，基于性能驱动设计思维，综合应用建筑环境信息参数化建模、建筑性能参数化模拟方法与技术，整合遗传算法、性能仿真和参数编程工具，阐述建筑方案多目标优化设计的方法与工具，并结合实践案例阐释其应用效果。

第 6 章　建筑方案参数化表达——本章解析了方案建模结果参数化表达的发展脉络和技术工具，围绕光环境、风环境和人员疏散模拟问题，阐述了方案性能模拟结果的参数化表达方法，立足于多目标优化设计方法，解析了方案优化解集的参数化表达方法。

第 7 章　建筑方案参数化建构——本章在梳理建筑方案参数化建构发展脉络及其基本数学逻辑的基础上，对建筑方案参数化建构所面临的核心问题进行了解析，并系统地阐释了建筑方案参数化建构的方法、流程、策略和工具，最后结合实践案例介绍了其应用情况。

参数化设计给建筑设计带来了灵活性，给设计结果带来了更大的可控性，同时也大大降低了建筑在设计、建造和运行过程中所消耗的人力物力成本，能够为更加绿色、可持续和多元的建筑营造提供关键支撑。如果本书能够为实现这样的目标作出些许贡献，笔者将感到由衷的欣慰。

目 录

第1章　建筑参数化设计概述

在当今数字时代的背景下，随着计算机辅助设计技术的不断发展，建筑参数化设计已成为新的产业热点，越来越广泛地应用在建筑设计中。该方法的运用能够帮助设计者更为便利地实现设计目标，也能够为建筑形态和空间表现形式提供更多可能。

本章详细阐述了建筑参数化设计的相关概念，解析了参数化设计作为一种技术工具的内涵与外延，并从计算机发展促成的参数化建模、石油危机引发的参数化模拟、复杂性科学催生的参数化决策支持及依托数控平台发展的参数化建构四个方面分别阐述了建筑参数化设计的发展脉络。

1.1　建筑参数化设计的内涵与外延

区别于传统的设计方法和思想，参数化设计需要基于一定的规则，以算法为核心，根据设计主导因素中各个参数变量之间的逻辑关系，依托参数化设计工具，建立设计条件与设计结果之间的联系。

随着参数化设计技术的不断发展，衍生出了生成设计思维和性能驱动思维，能够将遗传算法、多目标优化等方法引入设计过程；同时，依托数控平台的发展和完善，参数化建构也得以实现和应用。本节针对建筑参数化设计的概念内涵及其外延发展展开论述（图1-1）。

1.1.1　建筑参数化设计的内涵

参数化广泛应用于各个学科领域，参数化设计及建筑参数化设计均以参数化为基础，运用参数系统建立元素之间的联系及固有逻辑进行设计。对于其内涵，不同研究学者有着不同的见解，本节将对参数化、参数化设计及建筑参数化设计的概念进行解析。

"参数（Parameter）"一词最初来源于数学名词，用来描述晶体的生成逻辑。参数化，在广义上来说，是指自然界各种事物发展过程中的量化行为，通过将变化的信息转换为可量度的数字、数据来实现信息的传递；在狭义上来说，它强调元素彼此之间的关联性，指的是在多元素之间建立的一种特定关系，当某一元素发生变化时，其他元素会随着建立的关系产生相应地变化。

在现代设计领域，参数化设计广义上指利用参数化建模软件进行设计的过程。进行参数化设计时，设计者需综合考虑建筑周边的环境信息，建立各参数之间的拓扑关系以描述设计对象，进而借助一定的固有逻辑

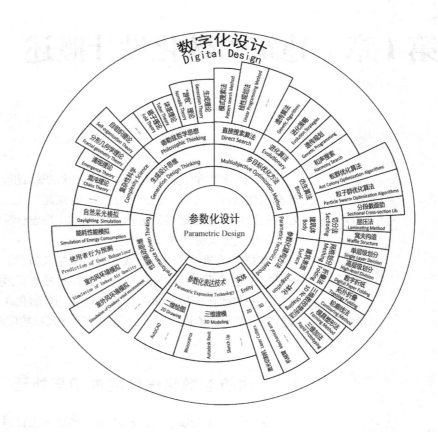

图 1-1　参数化设计内涵与
外延 [1]

（如数学原理、几何逻辑等）和计算机辅助设计技术，通过调整其内部的参数，表达设计目的，并解决其几何形式问题 [2]。

对于参数化设计的定义和内涵，一些该领域的理论家和实践者均提出了自己独到的见解。如帕特里克·舒马赫（Patrik Schumacher）提出，参数化设计通过引入参数化工具和脚本语言，可更高效、精确地制定和执行单元体之间及子系统之间的复杂联系，并在共享的理论概念、计算机技术、形式逻辑以及建构方式的共同作用下，成为一个全新的、逐渐占据主导地位的范式 [3]。代尔夫特理工大学教授卡斯·欧斯特豪斯（Kas Oosterhuis）也曾提出，建筑物是由参数（管线、建筑构造、材料几何定义等）组成的，参数化设计便是将这些参数组织起来，再通过数据的变化来控制建筑的实体状态 [4]。

建筑参数化设计，是指将影响建筑设计的因素，包括外部环境和内部功能设计参量等，均看作变量，并建立参数化设计逻辑，通过算法执行获得多种建筑设计方案的过程。建筑参数化设计拓展了设计思维广度，实现了逻辑关系控制下的设计方案可能性探索。

莫雷蒂（Moretti）将建筑参数化设计作为一个建筑体系进行研究，其目的是"定义各参数维度之间的关系" [5]。他用一个体育场作为例子来说明体育场的形式可以被分为 19 个参数进行设计，如图 1-2、图 1-3 所示，他的参数化体育场设计也被作为 1960 年第十二届米兰参数化建筑展览的一部分 [6]。

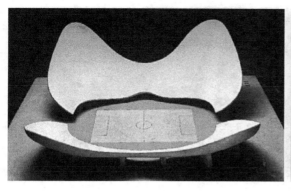
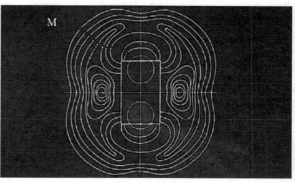

图 1-2　参数化体育场模型[7]（左）

图 1-3　参数化体育场平面图[7]（右）

1.1.2　建筑参数化设计的外延

在 20 世纪 60 年代，计算机辅助设计技术主要应用于飞机、汽车、船舶等设计及制造过程中。1970 年代末，计算机辅助设计技术被拓展应用到工业设计、机械设计、建筑工程、轻纺、电子等领域。

1）参数化设计的多领域应用

（1）汽车行业

1959 年，美国通用汽车公司开始着手计算机辅助设计车身的研究工作。到 1970 年代，计算机辅助设计与制造技术被用于克服传统车身设计中曲线绘制、三维坐标测量等方面的困难，从而高质量、高精度地完成车身件的绘图、模具设计等。1980 年代，美国福特汽车公司开始了 CAD 系统的研发规划与实施，利用 CAD 能实现自由曲线曲面及其透视的绘制、断面展开、图形旋转及平移等功能。1990 年代，CAD 技术在产品开发阶段得到广泛应用，如 CATIA、UG、AutoCAD、ENGINEER 等。之后，在外观造型及非车身件（包括悬架系统部件等）的设计中，得到进一步应用（图 1-4）。

（2）航空业

1990 年代，波音 777 飞机的研制成功，对世界范围内计算机辅助设计与制造业的发展产生了巨大的影响，这是当时数字设计的成果之一[8]，也是世界上首次完全基于计算机辅助设计技术，通过无纸化设计而实现的飞机。在具体的设计过程中，通过三维计算机辅助设计软件 CATIA 的应用，实现了在计算机上对一架波音 777 的虚拟"预装配"（图 1-5）[9]。

（3）建筑业

早期的建筑行业中，计算机辅助设计的主要目的是为了实现图形的显示与表达，其参数化过程是单向约束，多用于绘图和虚拟表达，处在计算机辅助绘图阶段。随着几何形体的参数控制方法更为多元，计算机技术——尤其是参数化技术，开始在建筑方案的推敲与调整阶段实现广泛应用，由此进入了计算机辅助设计阶段。参数化设计摆脱了外部参数的限制，促进了建筑形式的自由发展，能够产生意想不到的空间[10]。其中，英国建筑联盟学院（AA）以及荷兰 FOA 事务所等均为建筑领域中率先开展参数化设计探索的专业机构。

图 1-4 汽车造型的参数化设计[9]（左）
图 1-5 CATIA 制作的波音飞机参数化模型[9]（右）

2）参数化设计衍生产物解析

随着参数化在建筑设计中的发展及应用，一方面，衍生出了包括生成设计和性能驱动思维在内的思维方法，另一方面，催生了多目标优化设计方法，能够在建筑设计中对多个性能目标同时进行权衡，辅助设计者完成具备较优性能的建筑空间、造型等的设计。之后，设计者逐渐意识到参数化设计不应当只关注计算机辅助下的建筑设计，而应结合硬件与建造工具实现无缝衔接，参数化建构成为实现"设计"与"建造"有效结合的重要手段。

（1）生成设计思维

生成设计是基于设计者制定的算法及生成逻辑，通过自组织完成由无序到有序的建筑形态生成过程。这是一个理性和感性统一的思维过程，设计者通过对建筑功能、环境影响、经济制约等客观因素的分析，对元素间的作用关系与设计发展方向作出主观判断，感性地初步预想出建筑形态的生成过程及生成结果，同时以建筑、环境、行为之间的互动影响作为驱动力，基于这些刚性约束，利用计算机辅助技术理性地进行建筑方案设计的生成。生成设计思维作为建筑设计的新趋向，为设计者提供解决问题的新思路，其本质特征是"自下而上"。

生成设计的实践应用最早可以追溯到安东尼奥·高迪（Antonio Gaudi）的圣家族教堂设计，教堂穹顶找形采用针对不规则建筑形态的求解方法，通过重力环境进行形态发生设计。克里斯蒂诺·索杜（Celestino Soddu）教授提出了生成艺术与设计（Generative art and design）理论，是生成设计方法（Generative design approaches）探索的先驱，他认为生成设计是一种科学的艺术创作过程，通过生成设计程序创作设计方案。图 1-6 便是其对城镇生成设计的结果。

（2）性能驱动设计思维

性能驱动设计以性能目标为驱动力，根据建筑功能要求及所处气候环境特征，从建筑功能使用的舒适度出发，借助计算机强大的数据分析能力，在满足综合性能要求的前提下创造出多样的形态和功能解决方案，是通过优化选择出最佳方案、制定相应设计策略并契合建筑功能与使用行为的设计模式。性能驱动设计将性能指标对设计方案的推动效应发挥到最

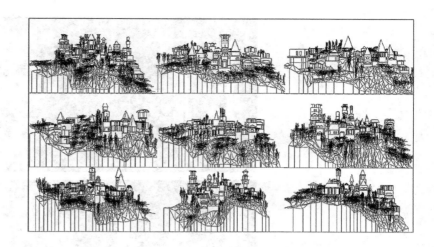

图 1-6 中世纪城镇生成设计
方案[11]

大，避免设计方案因性能指标不符合要求而进行返工，从而提高了设计效率。建筑的性能驱动设计借鉴并延续了性能驱动设计思想，其过程如图1-7所示。不同于生成设计思维，性能驱动设计思维具备"自上而下"与"自下而上"两个向度，并能够极大地扩展问题求解空间，体现出了双向性及全面性[12]。

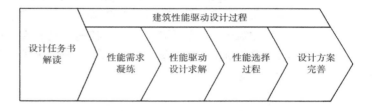

图 1-7 性能驱动设计过程

在性能驱动设计思维领域，荷兰代尔夫特理工大学、美国麻省理工学院、英国建筑联盟学院等处于研究前沿，许多国际知名设计机构也展开了相关探索，作品包括瑞士再保险大厦、英国伦敦尖塔等，其中英国伦敦尖塔（图1-8）由KPF建筑事务所设计，通过对能耗及二氧化碳排放量的性能模拟，优选出最终建筑形态设计方案。该建筑的表皮经过空气动力学优化，同时也考虑到自然采光性能，减少了外层玻璃的遮阳板，从而获得了更充足的自然光。

3）多目标优化方法

多目标优化设计方法是性能目标导向下的建筑设计参量数值最优组合搜索过程，其不仅适用于建筑设计前期的方案推敲，也可通过调整优化设计参量类型，应用于建筑立面材料属性、构造方式等参数优化。多目标优化问题求解需权衡多性能目标要求，由于受到多项建筑性能目标要求控制，多目标优化设计结果不一定存在唯一相对最优解，其结果多是一系列对设计目标呈现不同响应程度的相对最优解集。

在建筑设计中，多目标优化设计能够针对设计参数和性能之间较为复杂的物理功能关系，探索最优方案解集，相比基于建筑性能模拟的多方案

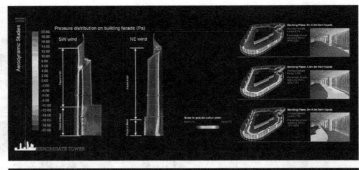

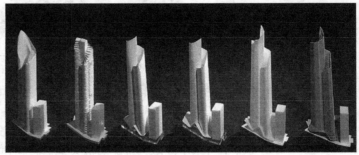

图 1-8 英国伦敦尖塔性能驱动设计探索[13]

比较方法可大幅提高设计效率及优化效果。国内外对多目标优化设计方法展开了广泛研究，主要针对建筑能耗、自然采光、自然通风等性能目标及建筑形态、窗形态、空间形态等优化参量，使生成建筑方案的性能达到综合最优的效果。图 1-9 便是以采暖能耗及照明能耗为性能目标的建筑形态优化设计探索。

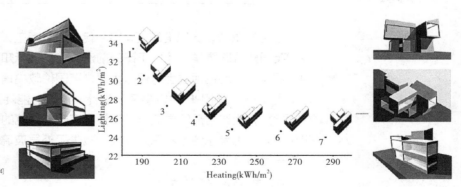

图 1-9 多目标优化设计过程[14]

4）参数化建构

参数化设计利于实现设计信息与建造工具的无缝衔接，推动了"设计"与"建造"的有机结合。参数化建构凭借其智能化水平是建筑参数化设计在建造阶段的延伸。

参数化建构包括两方面内容，一方面是建筑方案创作过程，另一方面是建筑数控建造过程。从弗兰克·盖里（Frank Gehry）到伯纳德·屈米（Bernard Tschumi）再到扎哈·哈迪德（Zaha Hadid），多位建筑师对

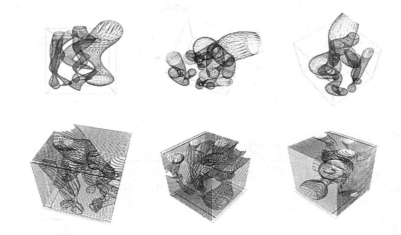

图 1-10 参数化建构设计
过程[15]

参数化建构进行了研究和探索。图 1-10 为瓦西姆·贾比（Wassim Jabi）研究团队项目，首先创建物体的三维模型，然后通过分割、三角剖分、切片及其他类似过程使三维形体合理化，将其细分为多个可重新组装的二维平面，并使用激光切割机进行切割，实现参数化设计与数控平台的结合[15]。

1.2 建筑参数化设计发展脉络

早在公元 2 世纪，秦始皇便曾统一全国度量衡，将基本物理单位进行参数化，产生了较为准确且规范的计量单位（图 1-11），是参数化思想的早期萌芽。

图 1-11 秦始皇时期的度量衡
计量工具[16]

宋代《营造法式》里面就有大量图纸，称作"界画"（图 1-12），包括释名、各作制度、功限、料例和图样，涉及建筑设计、结构和施工等方面，其中规定："屋宇之高深，皆以所用材之分以为制度焉"。屋宇之高深包含了间广、椽架平长和柱高，即房屋的长、宽、高三项基本尺度，并以"材"为模度，规定了拱、昂等构件的用材制度。

最初的参数化"技术"是一种通过逻辑规则来使不同个体数据发生关联的操作方式，如"黄金分割比例"在古希腊建筑中的普遍运用，是协调建筑形态与体量关系的关键因素。阿尔伯蒂（Alberti）在其所著的《论建筑》中，系统解析了黄金分割比例在古希腊建筑比例（图 1-13）和柱式设计中的应用。

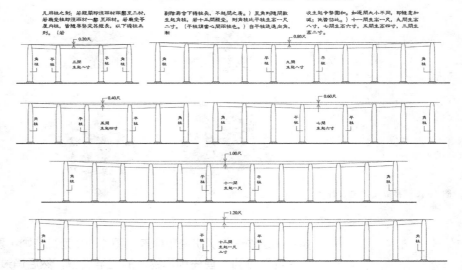

图 1-12 《营造法式》图样[17]

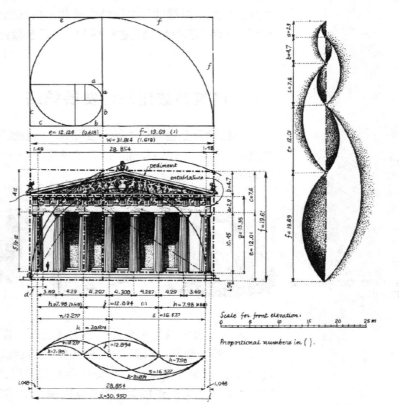

图 1-13 帕提农神庙立面比例关系分析[18]

　　我国宋代的材分制（图 1-14）和清代的斗口制也是参数化早期应用的实例之一。宋代《营造法式》规定："凡构屋之制，皆以材为祖，材有八等，度物之大小，因而用之。凡屋宇之高深，名物之短长，曲直举折之势，规矩绳墨之宜，皆以所用之材，以为制度焉"。清工部《工程做法则例》规定："凡檐柱以面阔十分之八定高，以十分之七（应为百分之七）定径寸。

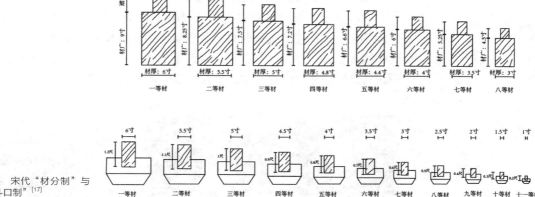

图 1-14 宋代"材分制"与
清代"斗口制"[17]

如面阔一丈一尺，得柱高八尺八寸，径七寸七分"。根据这些规定，可以对面阔、柱高、柱径等进行互相推算。但因缺乏数学理论与技术平台，此时的参数化更像一种数据处理方式而非严格意义上的技术。

随着计算机辅助设计技术的发展和创新，参数化设计也迎来了新的变革，机器学习、动态信息建模、虚拟现实与增强现实建模、深度学习等领域的新方法、新技术和新工具也将不断推动建筑参数化设计的发展，并对建筑设计产生了更深刻和更广泛的影响。

参数化设计逐步应用于建筑方案的设计阶段，拓展了建筑设计可能性探索的广度。随后，建筑性能参数化模拟方法与技术的研究，使设计者能够结合周边环境及设计要求更加理性地展开方案创作。在创作过程中，参数化技术能显著提高设计者对复杂建筑设计问题的求解能力。本节将分别从计算机发展促成的参数化建模、石油危机引发的参数化模拟、复杂性科学催生的参数化决策支持及依托数控平台发展的参数化建构四条主线出发，对建筑参数化设计的发展进行阐述，总结其发展脉络、重要时间节点以及参数化设计的相关人物及其重要思想（图 1-15）。

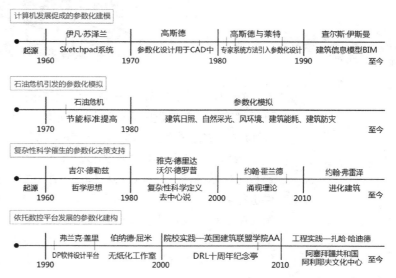

图 1-15 参数化设计发展脉络

1.2.1　计算机发展促成的参数化建模

20世纪60年代，集成电路计算机（图1-16）的出现，使计算机的应用拓展到图形图像处理领域，为建筑参数化建模奠定了技术基础。参数化建模能够发挥计算机在数据处理方面的优势，对建筑形态与空间海量数据进行准确描述，使建筑设计参数调整和交互更加便捷。

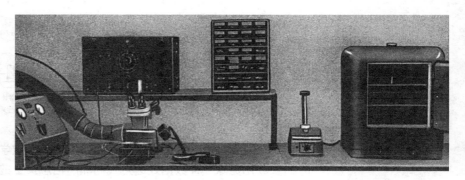

图1-16　集成电路计算机[19]

1963年，伊凡·苏泽兰（Ivan Sutherland）（图1-17）开发了计算机图形系统Sketchpad，实现了基于光笔的人机交互作图功能，以几何约束来确定二维几何形体位置，并能够控制图形在屏幕上放大及缩小，开启了交互式图形系统的先河[20]。

图1-17　伊凡·苏泽兰及其开发的Sketchpad[20]

在20世纪70年代，一些大型建筑事务所开始利用计算机辅助设计展开工程实践，并在建筑设计项目中获得一定成果，其中SOM事务所运用CAD技术进行重大工程项目设计，有效地推广了CAD技术在建筑行业应用。

随后，人工智能技术中的专家系统被引入到参数化设计中，其逐步与参数化技术结合，形成计算机辅助技术支撑。在这一过程中，基于约束条件进行参数化设计的方法得到了继承和发展，知识库与推理机开始在约束方法中进行广泛应用，以此实现对约束关系的解析。参数化设计也因此能更加精确地对设计对象加以控制，但对二维图形的参数化研究仍停留在点、线、圆、圆弧等简单几何要素上，难以处理一些复杂标注及约束问题，且无法有效实现三维图形数据的联动。因此，将其推广到直线、曲线、曲面等构成的二维或三维几何图形是必然趋势[21]。

计算机的信息化建模问题在计算机辅助建筑设计中一直备受研究人员的关注，以美国查尔斯·伊斯曼（Charles M. Eastman）教授为代表的一批研究人员在 1974 年的研究报告《*An Outline of Building Description System*》中提出了利用建筑描述系统 BDS 解决问题的方法[22]，是建筑信息模型（Building Information Modeling，BIM）的技术原型（图 1-18）。作为"BIM 之父"，伊斯曼教授注重技术与实际应用的结合，先后围绕与 BIM 有关的工程数据库、产品模型及互用性等方面展开深入研究。建筑信息模型使得设计师不必在二维图纸上进行复杂三维建筑空间形态的构思，在有效提高建筑设计效率的同时，大大地拓展了建筑形态创作中的创新意识，减少了建筑设计和建造过程中的不协调现象，并能够应用于建筑环境分析。

图 1-18　BIM 模型实例[23]

常用的参数化建模工具主要有 Rhinoceros、Grasshopper、Maya、Autodesk Revit、SketchUp 等，其中 SketchUp 基于简单的建模逻辑，形成一个由各种不同的几何组件构成的形态结果，是基于计算机平台，以"搭积木"的方式完成设计的建立过程；Grasshopper 不仅能够展现建筑的空间形态，其模型组成元素之间还存在着关联性，通过确定元素与元素之间或元素与整体之间在逻辑上的关联特性，实现整个参数化的设计过程。

1.2.2　石油危机引发的参数化模拟

这一阶段的参数化设计不仅是对几何形体的调整，而且是对环境影响的回应，比如温度、重力或其他因素[24]。建筑环境性能分析作为参数化设计的重要部分，不仅能够辅助设计者进行建筑设计，同时能够大大提高建筑性能分析的效率。随着石油危机引发的节能标准提高，性能模拟成为重要的参数化设计方法。格雷格·林恩（Greg Lynn）认为建筑参数化设计需要通过对场地的调研与分析整合设计信息，并在计算机中基于定量的参数转化，生成虚拟场地环境，继而生成多种建筑形态（图 1-19）[25]。

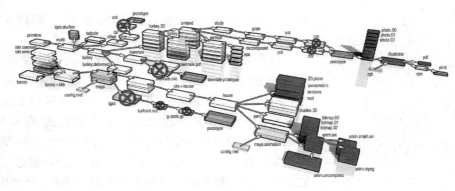

图 1-19　格雷格·林恩的参数化设计探索[25]

　　20世纪70年代开始，设计者已经可应用建筑参数化性能模拟方法实现基于建筑环境信息的建筑性能分析和评估，并通过人机交互，根据性能分析与评估结果反馈对设计方案进行比较和修改。可分析的建筑性能包括建筑日照、自然采光、室外风环境（图1-20）、室内自然通风（图1-21）、保温隔热、建筑能耗等，并基于建筑性能模拟分析结果而制定设计决策。

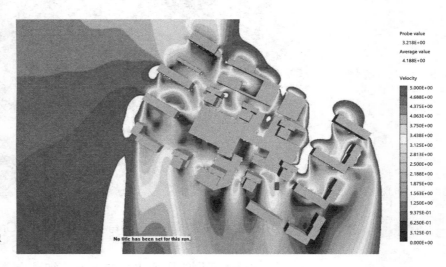

图 1-20　室外风环境模拟（风压）[26]

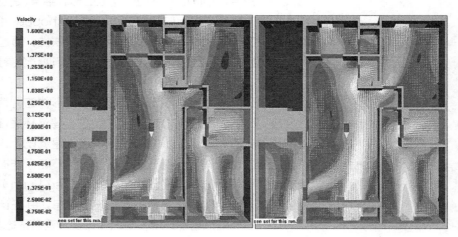

图 1-21　室内风环境模拟[27]

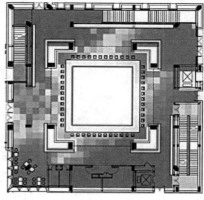

图 1-22 自然采光模拟剖面
图 [28]（左）
图 1-23 自然采光模拟平面
图 [28]（右）

　　以人流运动模拟为例，设计者在进行建筑方案设计时，需要将使用者的行为模式纳入考虑，以此作为建筑室内空间功能布局的依据。在没有参数化技术辅助的前提下，设计者需要根据自身经验进行判定，这种传统的建筑分析方法较为简单，且在很大程度上决定了设计的优劣。而由于使用者活动繁杂，难以凭经验对其进行准确分析，需要进行人流运动调研，并在计算机辅助设计技术下以人的行为模型为基础模拟人流动线，以高效地实现对人流动线的模拟分析，辅助后续的设计工作。

　　以自然采光模拟为例，仅凭设计者主观经验决定的窗高、窗宽、进深等参数取值很难达到最优的室内光环境。自然采光性能模拟能够以照度、采光均匀度、使用者视觉舒适度等光环境性能为依据，实现参数化技术辅助下的科学决策保障（图 1-22、图 1-23）。

1.2.3　复杂性科学催生的参数化决策支持

　　实践中，建筑设计决策多基于设计者的主观转译，且由于建筑性能指标与设计参量类型多、关系复杂，仅凭设计经验难以准确把握。针对这一问题，国内外学者展开了广泛研究。20 世纪 80 年代起，复杂性科学和哲学理论基础与计算机技术的结合促进了建筑参数化设计的发展，促发了进化建筑设计理论与方法的产生，复杂性科学和哲学理论也成为建筑参数化设计的重要理论基础。

　　1）复杂性科学

　　复杂性科学理论开始于 20 世纪 60 年代，多集中于哲学、经济学、计算机科学等学科，被用来评价某一事物整体系统或局部系统的组织能力，是指"事物或系统的多因素性、多层次性、多变性以及相互作用所形成的整体行为"，复杂系统会出现涌现、混沌、自组织等现象 [29]。例如雅克·德里达（Jacques Derrida）（图 1-24）的"去中心"学说，美国学者米歇尔·沃尔德罗普（Mitchell Waldrop）在《复杂——诞生于秩序与混沌的边缘的科学》中阐述的"复杂性科学"，约翰·霍兰德（John Henry Holland）（图 1-25）在《涌现：从混沌到有序》中首先提出的涌现理论，爱德华·诺顿·洛伦茨（Edward Norton Lorenz）（图 1-26）提出的"混沌理论"。

图 1-24 雅克·德里达[29]（左）
图 1-25 约翰·霍兰德[29]（中）
图 1-26 爱德华·诺顿·洛伦茨[29]（右）

其中，涌现是指一个系统中个体间预设的简单互动行为所造就的无法预知的复杂样态的现象，约翰·霍兰德将其描述为"在复杂的自适应系统中，涌现现象俯拾皆是：蚂蚁社群、神经网络、免疫系统、互联网乃至世界经济等。但凡一个过程的整体的行为远比构成它的部分复杂，皆可称为涌现"[30]。

混沌理论是"非线性动力学系统所特有的一种运动形式，它的定常态不是通常概念下确定性运动的静止（平衡）、周期运动和准周期性运动，而是一种始终局限于有限区域具有无穷大周期的貌似随机的复杂运动"[31]。混沌可以说是无序及有序的结合体，它既不是绝对稳定性、周期性、规则性的有序运动，也不是完全的无序，可以说它是蕴含在无序中的有序，利用某种既定的程序去表现复杂的有序，称为"混沌序"[32]。

建筑设计领域对于复杂性科学理论的引入相对滞后，初期部分建筑师受到启发，提出了涌现理论（图 1-27、图 1-28）、混沌理论等，尝试建立复杂性科学与建筑设计之间的联系。

例如，藤本壮介的设计中经常利用混沌理论，以空间、空间中的行为以及空间感受作为混沌变量。他常常强调：建筑"并非一个物体，而是一片关系场"。北海道情绪障碍儿童短期康复中心项目就是混沌理论在建筑设计中的典型应用（图 1-29）[33]。

2）吉尔·德勒兹的哲学思想

法国的后现代哲学家吉尔·德勒兹（Gilles Deleuze）的哲学思想对建筑设计有着深远的影响，包括"游牧政治学"、"块茎"理论、"生成"理

图 1-27 计算机模拟鱼群的涌现[30]（左）
图 1-28 涌现规律形成的图案[30]（右）

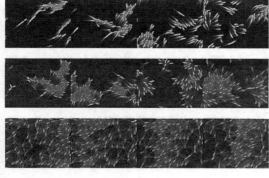

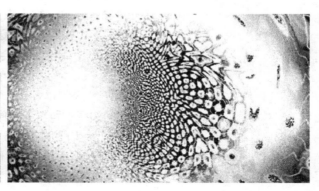

图 1-29　基于混沌理论的北海道情绪障碍儿童短期康复中心设计 [33]

论及"图解"思想等,为参数化设计提供了重要的思想基础。正如荷兰建筑师本·万·波克(Ben Van Berkel)所说,"德勒兹的哲学思想使建筑学与科学有了令人惊喜的结合点"。

其中,"块茎"是德勒兹最重要的概念之一,其结构既是地下的,同时又是一个完全显露于地表由根茎和枝条所构成的多元网格,没有固定的生长取向,而只是一个多产的、无序的、多样化的生长系统,将不同因素在新的组合中协同作用,促成了一种新的统一,建筑理论家格雷格·林恩的泡状物理论是"块茎思想"的理论来源。建筑设计大师彼得·库克(Peter Cook)的格拉茨美术馆是"块茎思想"的建筑实验成果,南京青奥会总部办公楼建筑改造与室内设计也是基于"块茎"概念完成的(图 1-30)[34]。

图 1-30　基于"块茎"理论的南京青奥会总部办公楼设计 [34]

游牧理论中的"游牧空间"是没有边界的,它是"贯通性平面",能够超越平面本身,不再遵循逻辑,而是强调内部元素的"关系"。在建筑设计中,元素的相互作用形成游牧空间(图 1-31),而使用者作为建筑空间中的主要元素,对建筑空间的生成起到了决定性的作用。建筑空间具有连续光滑的形态,去除明显的突变和边界,对应游牧空间平滑、开放、无中心、无边界的特点 [35]。德勒兹的哲学理论虽都是思想的表达,但能够得出在某

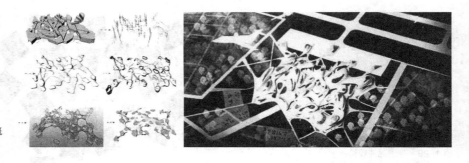

图 1-31　基于游牧空间的概念设计 [35]

种特定规则内的内在自由，参数化设计正是在限定条件下的一种"相对自由"过程，比如建筑形体并非是随意生成的，而是在美学、功能等原则限制下组合达到的。

3）进化建筑

随着复杂性科学、哲学思想与参数化设计的结合，设计者尝试引入自然进化机理来解析建筑设计中的复杂性问题。约翰·弗雷泽（John Frazer）在其论著《进化建筑》（An Evolutionary Architecture）中提出了"进化建筑"设计理论，阐述了"进化建筑"设计的基本原理，提出了实现建筑进化过程的互动策略、优胜劣汰策略和自组织策略，建立了包括遗传编码编写、编码发展规则以及编码建模的进化模型建立流程，探索了建筑形态生成和环境响应的进化建筑计算框架 [36]。2003 年，弗雷泽基于进化建筑形态生成方法开发了建筑立面设计系统，可基于遗传算法，通过建筑体量控制参数的设定形成建筑形态生成规则，进一步借助计算机平台生成建筑形态（图 1-32），在其形态生成过程中，建筑内部功能要求成为形态生成的驱动力。

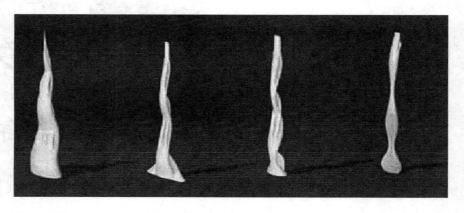

图 1-32　弗雷泽生成的建筑形态 [37]

国内外学者基于复杂性科学、哲学理论、"进化建筑"设计理论的研究，研发了系统的建筑多目标优化设计的决策支持方法、技术和工具，可为设计决策制定提供支持，能有效探索设计方案可能性。相比于多方案比较试错方法，建筑设计决策支持方法通过建立参数化模型，有效地提高了建筑设计精度和效率，其以优化算法及建筑性能参数化模拟为技术基础，通过建立"生成—分析—反馈—再生成"的寻优机制，实现以建筑性能为驱动因素的优化设计过程，能够基于节能、采光、噪声、日照及通风等性能模拟分析结果，判定各因素对建筑性能的影响权重，展开优化设计[38]。

对于求解的问题较为复杂及需要求解的问题具有较大解集空间的情况[40]，宜采用多目标优化设计方法，应用多目标进化算法求解设计问题，在解空间中搜索 Pareto 最优解集（图 1-33、图 1-34）。该方法因其独特的迭代计算特征特别适用于解决多性能目标权衡的优化问题，广泛应用于空间规划布局、建筑能耗控制等领域[41]（图 1-35）。

1.2.4 依托数控平台发展的参数化建构

20 世纪 90 年代中期，参数化设计理论已日趋成熟，并逐步广泛应用。参数化设计方法并未止步于虚拟空间中的方案创作，通过与建造工具的数据交互，打通了从虚拟设计到数控建造的全链条工作流程。

1991 年，弗兰克·盖里参考了制造业设计经验，将 CATIA 软件引入到建筑设计的方案构思阶段，并研发了 Digtial Project（DP）软件。盖里在设计西班牙毕尔巴鄂古根海姆博物馆时实践应用了上述全链条工作流程[42]（图 1-36）。

1994 年，伯纳德·屈米成立了"无纸化工作室"，进一步深化了参数化设计与数控建造技术的结合，鼓励并推动了学界对参数化建构的探索

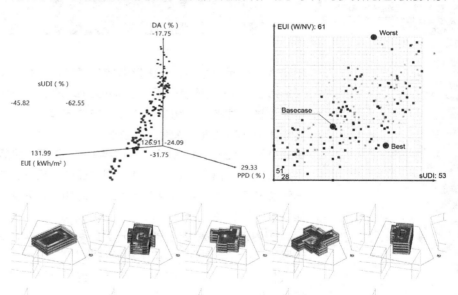

图 1-33 多目标优化相对最优方案集[39]（左）
图 1-34 建筑能耗和采光性能优化结果[39]（右）

图 1-35 建筑形态优化过程[41]

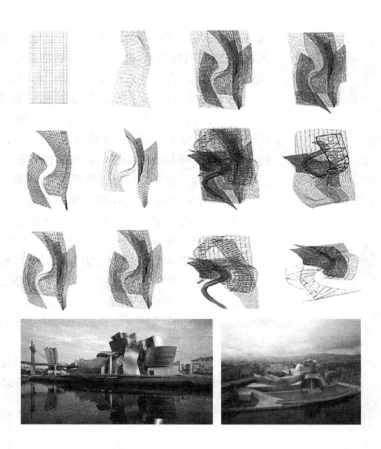

图 1-36　西班牙毕尔巴鄂古根海姆博物馆实景图及过程模型[43]

和研究。在此激励下，一大批参数化建构成果相继涌现，如格雷格·林恩（Greg Lynn）建筑事务所、UNStudio、ZHA Code 等。

　　参数化建构正是将参数化设计方法与技术从计算机虚拟空间延伸至现实物理空间的系统性探索。得益于 CATIA、DP、RhinoCAM、KUKAprc 等软件平台和激光切割机、机械手臂、3D 打印机等硬件设备，参数化建构方法与技术得到了长足发展。同时在计算机的控制下，数控设备得以精确定位并按照指令对材料进行精细化的加工，为实现非标准形态数控建造提供了可行途径。

　　国内外知名高校也纷纷展开建筑参数化建构研究，美国哥伦比亚大学较早地开设了相关课程，英国建筑联盟学院、美国麻省理工学院、哈佛大学、澳大利亚皇家墨尔本理工大学等高校也相继开设了建筑参数化建构相关课程，并展开了实践探索（图 1-37）。

　　由阿尔温·黄（Alvin Huang）及艾伦·邓普西（Alan Dempsey）设计的英国建筑联盟学院设计研究实验室（Design Research Lab）十周年纪念亭，是应用数控机床进行结构肋切割，并最终由 13mm 厚的纤维混凝土板拼装而成，实现了二维平板材料的复杂空间造型，探索了纤维板材料的力学潜能[44]。

　　扎哈·哈迪德在广州歌剧院的室内设计（图 1-38）中，应用建筑参数化建构方法，对 GRG 板材进行了数控加工，并将其精准地铺设在广州

图 1-37 设计研究实验室十周年纪念亭 [44]

图 1-38 广州歌剧院室内建构过程及实景效果 [45]

歌剧院内部的非标准曲面上，将整体偏差控制在 20mm 以内，进一步提高了数控建造精度 [45]。

上海喜马拉雅中心（图 1-39）裙房所呈现的非标准形态是参数化数控建构的成果。通过渐进结构优化，实践了建筑结构形态的一体化设计，在节省建材的前提下，达到了结构性能与美学性能的统一。

图 1-39 喜马拉雅中心 [46]

第2章 建筑参数化设计思维

设计者对于建筑的理解及其思维意识对于建筑设计有决定性的作用。随着社会、时代的不断发展、科学技术的不断进步，建筑设计思维也在逐渐发生变化。本章梳理了建筑设计思维的演变过程，首先对于设计思维的含义和分类进行阐述，进而总结其主要特征，然后具体解析在数字技术的推动下，由"自上而下"的设计思维到生成设计思维，再到性能驱动设计思维的发展过程，并结合具体案例分析了三种设计思维的特征与局限性，提出其发展趋势。

2.1 设计思维概述

设计思维对于设计师和设计过程的重要性不言而喻，设计者需首先理解设计思维的含义和分类及其具体特征，才能更好地在设计过程中进行应用和转换。尤其是在当前飞速发展的时代背景下，设计者需要突破传统的设计思维，充分利用设计思维的特性，设计出更加符合当今时代的作品。

2.1.1 设计思维的含义和分类

思维一词中，"思"的意思是想，"维"的意思是联系。关于思维的含义，《大辞海》（哲学卷）的具体说明是，"对于不以人的意志为转移的事物，人类大脑对其进行的概括性的、非直接的反映便是思维，它包括形象思维、逻辑思维[47]。"也有学者认为，"思维是一种复杂的物质运动，它通过信息的变化在人脑中产生一些能够透过表面的、可衍生的复杂意识活动"。但同时也提出，"思维并不都是概括的、间接的反映，还有一些是可以依靠直觉进行直接判定的[48]"。以上几种都是对于思维一词的定义，不同学者对于思维本意的剖析有所不同。

早期对于思维的认识相对宏观。在现代心理学的发展初期，行动主义者将"思考"理解为一种在人脑中产生的机械化行为，这种机械化行为因其发生地点的特殊性而具有特殊意义。"怎样处理问题"是格式塔学派（Gestalt Theorie）的多位学者所关注的内容[49]。实际上，当下的思维方式日趋复杂化，实则是指人在认识和改造自然界的过程中形成了一种相对稳定的、定型的思维习惯模式，是思维主体在已形成的观念、经验和实践方法的基础上所形成的反映、认识、判断、处理客观对象的方式。

针对不同的研究对象或问题，思维应用具有一定的差异性。目前，对思维的分类还尚未达成统一。《心理学基础》中按照思维过程是否需要沿着明确的逻辑规则进行而将其分为形式和非形式的逻辑思维，按方向性又可将思维分为分散思维和集中思维，按思维的形态或中介事物的不同，也可将其分为形象思维、动作思维以及理论思维三种[50]。有学者认为，按照思考方向的不同，可以将其分为发散性思维和聚合性思维，也可按照中间联系媒介的不同而将其分为理论思维、形象思维和直观动作思维三种，而根据思维过程中是否有明确的知觉意识，可将其分为直觉思维和分析思维[51]。另有学者提出可按照创新水平将思维分为创造性的和习惯性的思维，也可以按照解决问题的特征将思维分类为理论思维、形象思维以及动作思维，若考虑人脑活动的具体方向性，也可将其分为对内的和对外的思维[52]。钱学森先生根据人类大脑的构造将思维分为灵感的、抽象的和形象的思维三种[53]。另有学者在思维要素分析的基础上，根据思维活动的基本模式和理论模型，将思维分为以下六种：表达现实和超现实秩序的神话思维、表现情意的艺术思维、逻辑论证的分析思维、比喻说理的直觉思维、数量运演的运算思维以及非单一、非固定的综合思维[54]（图 2-1）。

　　一个时代思维方式的状况和水平，不仅要看人们在思考什么，更重要的是要看人们在思考时使用什么样的思维工具和思维手段。思维所使用的工具、手段等中介系统的先进程度，是思维方式发展状况和水平的客观标志[55]。

　　而对于设计思维来说，它是一种较为高级的意识活动，综合运用理性和感性、直观和抽象的信息处理方式来进行活动。设计者头脑中的一切与设计理解相关的活动都可以称作设计思维，它是一种复杂的、综合性的思维活动，也必然需要多种思维方式的融合和转换。同时，设计思维包含了多种不同类型的思维，其中的"建筑设计思维"除具有设计思维的普遍特征外，其功能性和实践价值更加突出，在思维的应用方面与其他类型的设计思维也存在着一定的差异。而且由于建筑创作的特殊背景，建筑设计思维对于多种思维的综合运用要求更高。

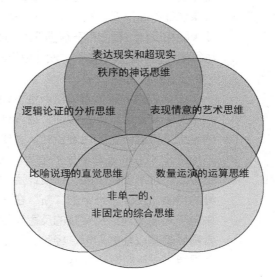

图 2-1　基于基本模式和理论
模型的思维分类 [54]

此外，设计思维在不断地演变。当今时代，在数字技术的支撑下，标准的情感化、观念的多元化、情趣的大众化、概念的模糊化等，都将对数字化背景下人们生存空间的设计方式产生深刻的思维转变。从设计思维的总体发展趋势上看，以往的总体性思维、线性思维、理性思维逐渐向非总体性思维、混沌思维、非理性和非逻辑型思维演变，原来判定思维方式正确与否的逻辑思维模式也正渐渐地"放权"，还建筑设计以更广阔的空间。

2.1.2 设计思维的特征

设计思维作为一种整体的、综合的思维，能够充分地表达思维过程中的全局性和概括性。与其他类型的思维方式不同，设计思维以设想的构建为基础，无论是单纯的艺术创作，还是需要同时解决实际问题，设计思维都非常注重整个过程的连贯性，其主要特征总结如下：

1）整体性

设计思维具有高度的整体性。设计的全过程是一个互动和交流的过程，实际上就是从问题发现，到问题理解、问题剖析，再到反复修改和推敲的过程，在任一阶段，设计思维的转变都会影响到设计整体的发展变化。这一转变也会在最终的设计成果中有所体现。同时，设计思维在运行过程中是多种思维要素、多种思维能力的协同作用过程，而不是某一思维的孤立执行过程。在这一过程中，不同的思维活动不但会相互促进，也会在某种程度上相互制约，从而形成一个有机高效的整体。总之，设计思维是一种高度复杂的思维，也是一种具有高度整体性和概括性的思维，在思维的运行过程中，设计者需要从全局出发进行连贯性的思考。

图 2-2 为 2016 年普利兹克建筑奖获得者——智利建筑师亚力杭德罗·阿拉维那（Alejandro Aravena）设计的智利天主教大学的 UC 创新中心，整个设计过程均在横纵复合结构体系的思维引导下进行[56]。图 2-2（a）展示的图纸，体现了其设计思维的变化过程。可以看出思维原型始终存在于设计者脑海中，虽然不能排除其他因素在设计过程中的介入，但是设计整体都是围绕其核心理念展开的。随着设计者创作思维的逐渐演化，设计的阶段性成果也在不断演变。图 2-2（b）是最终的建筑设计成果，可以看出，设计成果图和设计过程图存在很强的互动性，最后的设计成果能够充分体现设计思维过程对其的深刻影响，设计思维的整体性和连贯性不言而喻。

2）创新性

设计思维具有显著的创新性。设计思维的创新性是指设计者在设计过程中充分发挥思维的发散性，在设计意图的引导下对于设计对象进行全新的设想，打破传统的思维模式，最终设计出具有创造性的方案。设计思维与传统定式思维有着明显的差异，设计思维是活跃的、灵动的、跳跃的，是可以超越常规逻辑的。在设计活动中，设计创新思维具有区别于其他思维的特质，设计思维中的"新"在于它不同于习惯思维或重复性思维，它来自于对现实理论及实践的反思和批判，并从中找到突破口。同时，设计者需要超越以往的知识、经验、思维定式，对原有信息有取有舍，通过信息重组形成新的设计成果。

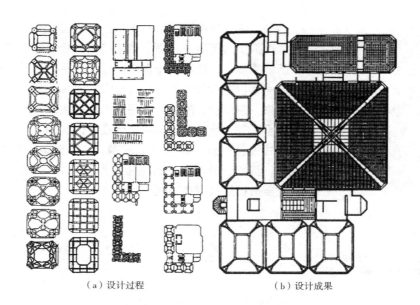

图 2-2　智利天主教大学的
UC 创新中心 [57]

（a）设计过程　　　　　　　　（b）设计成果

3）求实性

设计思维具有特定的求实性。设计思维应充分满足使用者的需求，并在整个思维活动过程中力图解决存在的问题，改善既有不利状况。图 2-3 为赫曼·赫兹伯格（Herman Hertzberger）的代表作比希尔中心办公大楼（Central Beheer Office Building）的设计图。该建筑是由很多单元组成的聚落，由活动空间或连廊划分，有着丰富的空间变化，能够满足不同用户的需求。赫曼·赫兹伯格在设计时充分考虑如何能够给予办公人员最佳的工作环境，整个设计思维过程以"人"为主体进行思考，充分体现了设计思维的求实性。

智利建筑师亚历杭德罗·阿拉维纳，将人文关怀理念融入建筑设计

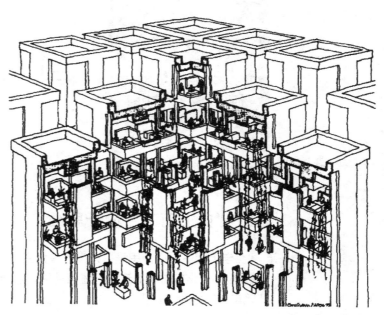

图 2-3　比希尔中心办公大楼 [57]

当中，在设计中始终遵循求实性和人性化的设计思维。其对设计作品的解读也很少运用专业术语，经常使用最朴素易懂的话语阐述其设计思想。亚历杭德罗·阿拉维纳一直将所提出"平行建筑"设计思想贯穿于社会保障住房项目的设计和重建中（图 2-4），尽量为人们争取更大的利益，在他看来，来自于人的需求才是最重要的挑战，而非建筑本身。在智利伊基克的金塔蒙罗伊住宅设计中，他在"以人为本"设计思维的引导下，提出参与式设计能真正解决实际问题，并不断地探索如何能让大众参与到设计中，其所设计建成的房屋被称为"半成品房屋"，可供人们在居住后根据需要进行后续完善（图 2-5）。

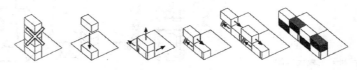

图 2-4 亚历杭德罗·阿拉维纳的"平行建筑"设计探索[57]

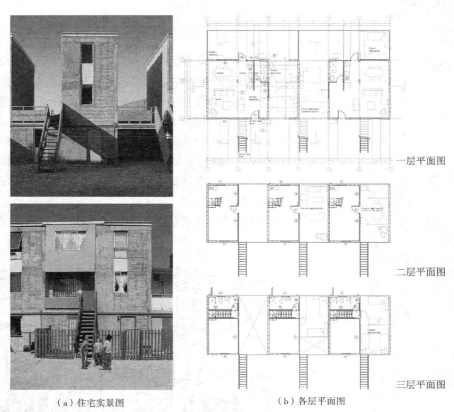

图 2-5 金塔蒙罗伊住宅[57]　　　　（a）住宅实景图　　　　（b）各层平面图

一层平面图

二层平面图

三层平面图

2.2 "自上而下"设计思维

　　"自上而下"设计思维是以设计者为主体，基于设计者主观判断制定设计决策的思维方式。本节将阐述其动因、解析其含义与特征，并说明其在建筑设计实践中的局限。

2.2.1 "自上而下"设计思维的动因

"自上而下"设计思维应用历史非常悠久。图2-6为中世纪时期应用"自上而下"设计思维展开的哥特式建筑设计。图2-7则展示了莱奥纳尔多·达·芬奇（Leonardo da Vinci）应用"自上而下"设计思维在文艺复兴时期创作的教堂设计方案。虽然不同时期的建筑设计风格不同，但它们都是对"自上而下"设计思维的应用。随着"自上而下"设计思维的不断推广应用，建筑草图作为设计者重要的思考媒介，也逐渐从建筑制图中独立出来，成为一个专有名词。并反过来促进了"自上而下"设计思维在建筑实践中的推广应用，使其在古典主义建筑、浪漫主义建筑、现代主义建筑、后现代主义建筑和解构主义建筑创作中不断发挥重要作用[58]。

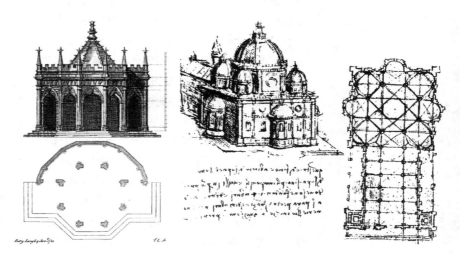

图2-6 中世纪时期的哥特式建筑设计方案[58]（左）
图2-7 文艺复兴时期的教堂建筑设计方案[58]（右）

"自上而下"设计思维在千百年中的历史传承是与建筑设计的固有属性密不可分的。因为建筑设计本身是一种从记忆到联想再到想象的复杂过程，其实大部分艺术设计过程都是如此，只是建筑对记忆更为强调。这三个部分各有其自身的识别性和特性，但它们又是相互依存的。三者之间并没有确切的划分而是一个连续互动的整体。而正是在这一系列的过程中，"自上而下"设计思维作为人认识和改造世界的思维模式，在思维运动的过程中，在建筑设计思考的不同阶段，扮演了重要的角色[58]。

2.2.2 "自上而下"设计思维的含义

"自上而下"设计思维在当代建筑设计思潮中衍生出了多种思维模式，包括由维那德·乔尔（Vinod Goel）提出的横向转换思维（Lateral Transformation）和纵向转换思维（Vertical Transformation）；罗杰斯（P. A. Rodgers）、格林（G. Green）和麦格顿（A. McGown）在前人研究的基础上，总结了既有的"自上而下"设计思维模式，提出了横向思维（Lateral）、纵向思维（Vertical）和复制（Duplication）思维[59]；保罗·拉索在《图解思考——建筑表现技法》一书中提出了"图解思考模式"，将其定义为"用来表示速写草图以帮助思考的一个术语"[60]。

总结以上的研究成果，我们可以从人的认知过程来看"自上而下"设计思维，它是一个将人的认知和创造性逐渐深入的过程，设计者通过眼睛观察和大脑思考、辨别和判断，给原来的设计方案构思一个反馈，再基于设计概念对既有设计方案构思进行演进，以此往复构成了"自上而下"设计思维过程[61]。

设计者需要与自身交流，也需要与他人交流。草图作为"自上而下"设计思维重要的媒介，可以满足设计者的视觉交流和图示交流的需求。如有学者将草图分为探索型草图（图2-8）和表达型草图（图2-9）[62]。探索型草图主要指在设计过程中，为了寻求设计的解答方案而做的"图示"尝试，这样的草图往往带有强烈的个人特征，甚至很难被他人识别，但是对于设计者本人而言，这里面蕴含着设计走向下一步的重要"基因"——很多成功的建筑，其主要特征往往在设计最初的草图中就埋下了伏笔。这样的草图涉及的思维方式以发散思维为主。表达型草图则是为了表达设计观念、策略、解析过程等而绘制的草图。表达的接受者可以是他人，也可以是设计者本人。这类草图所要求的是信息传递清晰、明确。

事实上，这两种方式的草图之间是互动的、相互渗透的。探索型草图在不断推进的过程中，需要不断地明确、界定，思路的明朗得益于表达型草图的准确定位。如果把一次设计过程看作是一次航行的话，那么探索型草图犹如船帆，面向目标，不断调整方向以找到最合理的航行路线。而表达型草图则是锚，在需要的时候暂停下来，等待下一次启动。在两者之间，还有众多的过渡方式。任何一份草图都不会是纯粹的探索或是表达，只是在不同的阶段有不同的侧重[63]。应用草图辅助表达和思考的"自上而下"设计思维被建筑设计者们广泛应用于不同的设计阶段。

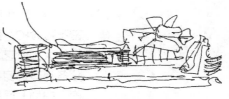

图2-8　古根海姆博物馆[62]　　　　　（a）实景图　　　　　　　　　　　　（b）设计草图

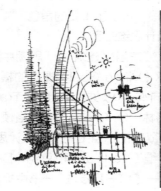

图2-9　吉巴乌文化中心[63]　　　　　（a）设计草图　　　　　　　　　　（b）实景图

近年来，"自上而下"设计思维的应用向尺度扩大和复杂度增加两个方向发展，一方面由建筑单体向城市街区扩展，多位学者对住区建筑间距、街区密度、组团布局等城市街区设计参数与能耗的关系展开了讨论，提出了一系列城市街区尺度节能设计方法与策略[64-65]；另一方面，由标准形态建筑向非标准形态建筑设计拓展。

吴雨洲（Yu-Chou Wu）等人以伦佐·皮亚诺（Renzo Piano）设计的吉巴乌文化中心（Tjibaou Cultural Center）为例，提出应用计算流体动力学（Computational Fluid Dynamics，CFD）模拟方法将数值预测结果与建筑师最初的洞察力进行比较，以验证设计者在实现设计目标时的主观思考是否有效。同时，研究还提出了一个改进的模型，在风路径上尽量减少障碍，扩大通风口，仿真结果表明，改进后的设计大大提高了通风效率，进一步加强了吉巴乌文化中心的生态效应（图2-10）[64]。

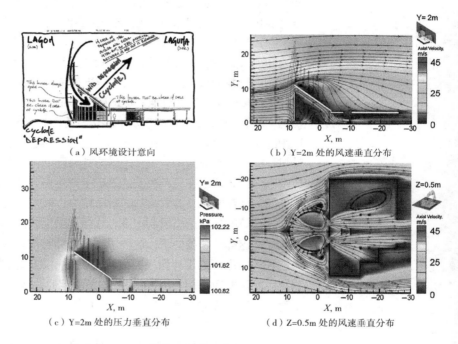

（a）风环境设计意向　　　　　（b）Y=2m 处的风速垂直分布

图 2-10　吉巴乌文化中心非标准形态 CFD 模拟结果[64]

（c）Y=2m 处的压力垂直分布　　　　　（d）Z=0.5m 处的风速垂直分布

2.2.3　"自上而下"设计思维的特征

在建筑设计的全过程中，"自上而下"设计思维借助探索型和表达型草图的绘制来实现设计者的目的，具有以下几方面特征：

1）持续性、随机性

"自上而下"设计思维是辅助设计者进行思考和传递设计构思的思维模式，在建筑设计中的地位不言而喻，是一种便于启发设计灵感、激发创造性的高效思维方式，有助于设计思考和研究，是设计者创作最基本的动力所在。例如，戴维·斯蒂格利兹（David Stiglitz）在用餐时突然产生了设计灵感，但并没有携带草图纸，于是便将当时的想法绘制在了纸巾的背面，在平面、透视图绘制过程中逐渐完善最初的想法，这为他进行西格勒住宅区（Siegler residential area）的设计奠定了坚实的基础（图2-11）。

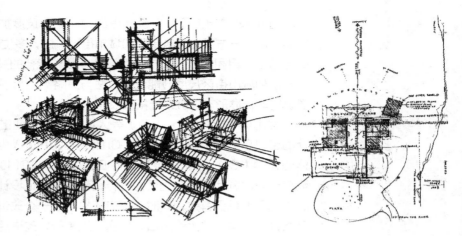

图 2-11 在纸巾背面绘制的
西格勒住宅区草图[66]（左）
图 2-12 会议议程背面的诺
布山房屋的草图[66]（右）

图 2-12 中画在会议议程背面的概念草图同样展示了"自上而下"设计思维的随机性，即便身边没有正式的绘图纸，也可以很好地表达设计想法。

2）创造性、不确定性

进行建筑设计需要经常创新地解决各种问题，而形象化是创造力的核心，它是能使想象力集中的机制[67]，"自上而下"设计思维的模糊性恰恰可以给设计带来创造性。正如乔治·史坦尼（Genorge Stiny）所述，"模糊性带来灵感，激发创造性，促进多层次的表达与反馈，因而对设计来说它至关重要"。这里的灵感就是创意，而设计是一个过程，多层次的表达和反馈正是支撑设计过程的一个重要因素。这种思维方式在团队中的意义重大，有类似于头脑风暴的作用，可以在原有思路的基础上产生更好的想法和理念，创造出更好的作品。从弗兰克·盖里绘制的斯塔特中心草图（图 2-13a）中可以看出他如何将建筑的基本形态绘制出来，线条是灵活跳跃的、不规则的、有一定重叠的。在这样一个条件下，这种思维模式能够在未来的设计中创造出更大的可能性，为后续的设计留下更大的发展空间。将草图与实景图（图 2-13b）对比后即可发现，虽然最终的设计与草图相似，但却有很多不同，这便是"自上而下"设计思维的模糊感所带来的创造性。

3）弹性、信息叠加性

设计过程中往往要进行多方案比较和试错。因此，设计思维也不应该是僵化与孤立的。设计过程中的轻松、灵活、开放的态度往往比钻牛角尖、纯粹的体力劳作方式更容易得到乐趣。因为设计过程更要求思考者具有一种"弹

图 2-13 斯塔特中心[67]   （a）设计草图   （b）实景图

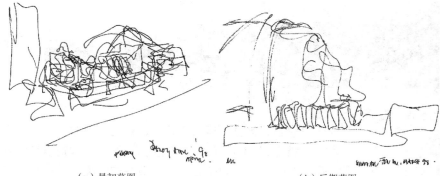

图 2-14 迪士尼音乐厅草图 [68]　　　　　　　　　（a）最初草图　　　　　　　　　　（b）后期草图

性思考"的能力——不断探索新的可能性，随时对已产生的观念进行调整，为下一步作出最有利的选择[69]。这正是"自上而下"的思维所具有的弹性特征能够带给设计者的益处。不同的设计阶段中，设计者的想法存在一定的变化，"自上而下"的设计思维更便于设计者将不同时间段的信息叠加并表达出来。如图 2-14（a）和（b）分别是弗兰克·盖里在设计迪士尼音乐厅时，在最初阶段和后面某一阶段的草图图纸，可以看出，由于"自上而下"设计思维的灵活性使得不同设计阶段的思考具有一定的差异性，设计者可借助草图将不同时间的想法叠加起来，这样的过程同时也促进了方案的演化和生成。

4）即时性、高效性

"自上而下"设计思维能够帮助设计者高效地分析设计目标与设计参量之间的关系，较为直观，利于设计者学习掌握。此外，设计者能够参与建筑设计决策制定的全过程，利于积累设计决策制定经验。在设计过程中，设计者的思维过程呈现模糊、不确定特征，"自上而下"设计思维因思维过程较为直观，且过程可塑性较好，能够辅助设计者捕捉设计概念与灵感。

2.2.4　"自上而下"设计思维的局限

"自上而下"设计思维对于设计可能性的探索是存在局限的。在建筑设计的过程中，设计者总是会在头脑中组织大量设计信息。这些设计信息不仅包含空间、材料、建造技术等"建筑"信息，也包含人的行为心理、地形、气候、交通等"非建筑"信息，与此同时还会受艺术、经济、文化背景等影响。无论这些信息是物质层面的（如材料、地形、气候等），还是心理层面的（行为心理、文化艺术等）；或是以形态显露出来的（材料、构造、空间等），还是以非形态因素影响建筑的（交通、气候等），当设计者将这些信息组织消化为自身的设计语言，并最终以建筑的形态产生出来后，所有的信息都将在这个具体的、三维的物体上实现。从抽象的设计信息到具体的视觉语汇的过程可以视为一种"信息转译"的过程[69]。

首先，在这一信息转译的过程中，可能由于设计者经验不足或草图绘制能力的缺陷而导致萌芽状态的想法夭折，可能由于信息的遗漏而导致方案设想的缺憾，也可能会在不经意间美化、修饰某个设计思想，掩盖其中的不足之处。同时，这种简化的图解在面对复杂的建筑设计形态和细节时会显得无能为力，若想真正表达复杂建筑形态会中断"自上而下"设计

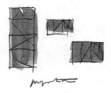

（a）实景图　　　　　　　　　　　　　　　　（b）水彩概念图

图 2-15　苏拉吉博物馆[69]

思维，且会使得整个设计过程变得低效。而且，图解思维具有强烈的个性特征，若不对建筑草图进行说明，他人很难从草图中获取较深层的信息（图2-15），这对于设计交流有一定的障碍，影响信息的开放性和后续发展。

其次，"自上而下"的设计思维在一些案例中也暴露出了技术层面的局限性。就法塔赫布尔西格里城夏季宫殿（图2-16）而言，由于建筑形态外墙开孔率制定过程缺乏全年能耗与热舒适数据支持，只能基于经验判断尽可能加大开孔率，以确保夏季自然通风降温效果的实现，但这样导致宫殿在冬季散热量过高，影响了热舒适性能。可见，"自上而下"的设计思维在建筑设计精度上是存在局限性的。

此外，基于"自上而下"设计思维的建筑方案发展相对成熟后，其修改过程繁琐而耗时。同时，在整个设计过程中设计者的方案构思会呈现于多类媒界中，对于整个设计过程信息的存储和管理较为困难。但是，我们不能因为"自上而下"设计思维的局限性就否定其在建筑设计过程中的重要作用。我们需要合理利用"自上而下"设计思维指导建筑设计，最大限度地发挥其优势，弥补其劣势。

图 2-16　法塔赫布尔西格里
城夏季宫殿[69]　　　　　　　（a）夏宫花窗　　　　　　　　　　　（b）夏宫人工水体

2.3　生成设计思维

在时代发展和科学技术进步的推动作用下，生成设计思维被设计者们广泛运用。本节阐述了生成设计思维的动因及演变过程，解析了生成设计思维的含义，剖析了生成设计思维的特征，进而指出了生成设计思维的局限性。

2.3.1　生成设计思维的动因

对"自上而下"设计思维的反思令学界意识到"自上而下"过程可能存在的局限性。同时，当代复杂性科学的发展揭示了自然世界客体间的潜在规律，促使建筑学走出后现代主义对于形式与符号的坚持[69]。受到德里达与德勒兹哲学思想和"生成艺术"设计思潮的影响，学界转而尝试以"自下而上"的方式来考虑建筑设计问题，强调由建筑形态基层构成要素出发，基于建筑性能变化规律，以自组织方式自下而上地生成建筑形态。

此外，建筑信息建模技术为建筑设计过程中建筑、环境与性能信息的综合集成提供了技术支点，强化了设计者对建筑环境系统要素的整体控制能力，也促发了生成设计思维的萌发。以建筑能耗问题为例，20世纪70年代波及全球的石油危机促发了各国政府和公众对于建筑能耗问题的关注，建筑设计日渐精细化、定量化。DOE-2、EnergyPlus 等建筑性能仿真模拟技术工具的提出，使设计者逐步具备了对人居环境系统中建筑能耗过程展开仿真模拟与量化分析的能力。

2.3.2 生成设计思维的含义

早期的"自下而上"设计思维研究源于克里斯蒂诺·索杜（Celestino Soddu）教授提出的生成艺术与设计（Generative art and design）理论，他应用生成设计方法重构了威尼斯城市图景（图2-17）[70]，其对生成设计进行了阐述："生成设计可以通过基因编码的变化来创造一个具有创新性的设计，这是一个较为科学的设计过程，在设计的过程中会产生多种可能性，最终的关注点不仅仅是在于设计成果，还在于设计演变的过程，即设计结果是从怎样的编码转换生成的[71]"，如图2-18所示。

此外，其他学者也对生成设计的含义进行过解读。李飚在《建筑生成设计》中提出，计算机辅助的生成艺术是自组织过程，这一过程采用算法或规则来控制，可以仿效机械的、随机的或数学的自组织过程，与其他设计方法相比，生成设计方法有其特殊的作用，能够引发设计者的灵感[72]。

图2-17　基于生成设计思维得到的威尼斯城市图景[71]

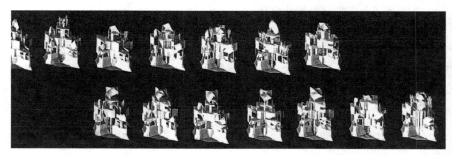

图2-18　通过信息编码生成的多样建筑形态[71]

陈寿恒在《数字营造》中将这一过程定义为衍生式设计，认为这是一种能够产生多种解决方案的设计方法，能够运用逻辑算法或规则引导生成过程，其中的算法或规则可以通过不同的方式来确定，如图表、脚本语言等；同时，衍生式设计方法也涉及一些可以定义的参量，可以在设计之初确定，并由此生成设计结果[73]。

2.3.3 生成设计思维的特征

生成设计思维引领了建筑设计的新趋向，也为设计者提供了解决问题的新思路。这种思维方式将多种因素纳入考虑范围，借由数字技术进行建筑设计的自组织，具有以下突出特征：

1）自组织性、逻辑性

在生成设计思维的引导下，设计过程不再被机械化地分解为若干程序，而逐步转化为某种可控规则下的自组织活动。形态发生是建筑形态构成要素按照一定的生成逻辑，通过自组织，生成建筑形态的过程，自组织规律是生成设计的核心。例如，"生命游戏"是最有名的元胞自动机（Cellular Automata，CA）案例，是由英国数学家约翰·霍顿·康威（John Horton Conway）于1970年研发的生成设计算法，其在无限的二维网格里进行计算，每个格子或是死亡的，或是活着的，且都与它周围的八个格子相邻，包括水平的、垂直、对角的（图2-19a）。若将生成过程视为一系列分层，而不是系统单一状态的改变，平面的元胞自动机背景将变为三维空间，每个矩形细胞则变为一个立方体，并根据"生命游戏"的空间规则在每一代进行自我复制（图2-19b、c），单个CA系统的层数定义有多种解释的空间形式，并可根据其自身的几何特性推广到更大的范围。

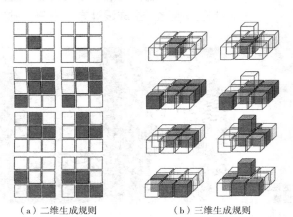

（a）二维生成规则　　　　　　　　（b）三维生成规则

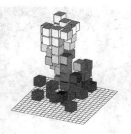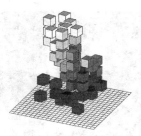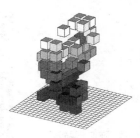

图2-19　元胞自动机生成规则引导下的空间形态生成[74]

（c）基于生成规则的典型空间形态

2）随机性、创造性

生成设计思维基于生成规则控制生成过程，制定建筑设计决策，其生成的设计方案在形态和空间上均更加复杂，说明生成设计思维充分地发挥了数字技术的复杂数据计算优势，增强了设计者对建筑设计可能性的探索能力。Hyperbody 研究组应用参数化建模技术与建筑性能模拟工具，分别从环境性能引导建筑形态生成和围护结构单元数字化定制两方面展开了非标准建筑形态设计研究，并与哈尔滨工业大学建筑学院合作展开了基于风环境模拟数据的非标准建筑形态生成设计探索[75]（图 2-20）。

3）开放性、包容性

生成设计思维的另一特征是转译规则的开放性，设计过程能够综合考量各类设计要素，获得与以往不同的设计结果。也正由于生成设计思维的包容力，能够将多类型设计目标融合到建筑之中，但也容易导致建筑形态过于复杂（图 2-21、图 2-22）。

4）过程性、动态性

生成设计思维不同于既有面向结果的静态设计思维，而是面向过程的动态设计思维。建筑生成设计过程中，设计者需对建筑生成设计规则及其过程进行逻辑设定和系统建模，而不需要对最终的生成设计结果进行预期限定。因为系统自身的状态会随着时间的不断变化而发生一系列变化，建筑生成设计系统中的信息常受到生成设计过程的动态影响，易导致随机和不确定现象的发生，也必然会导致建筑设计结果的多样性。

如图 2-23 为设计者根据调查获得人群需求信息，并在 C++ 多代理系统程序中根据流线设置球体力场及周边建筑对内部功能分布力场生成的建筑设计方案，其具有鲜明的过程性和动态性特征。

有学者基于生成设计思维，探索了"数字图解"

图 2-20 基于风环境模拟数据的非标准建筑形态生成设计[75]

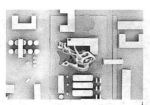
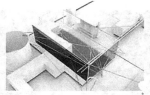

图 2-21 根据三维限制性扩散聚集算法生成的建筑形态[76]

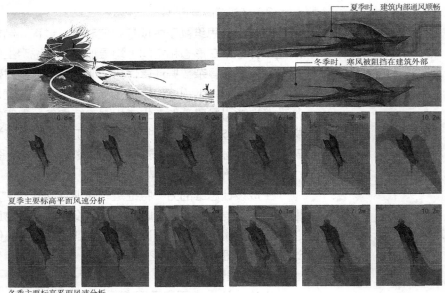

夏季时，建筑内部通风顺畅

冬季时，寒风被阻挡在建筑外部

夏季主要标高平面风速分析

冬季主要标高平面风速分析

图 2-22 基于 CFD 模拟数据生成的建筑形态[75]

生成设计方法。其强调图解的生成性特征，根据使用者在时间和空间中的轨迹记录制定生成设计规则，充分地体现了生成设计思维的过程性和动态性特征[76]（图 2-24）。

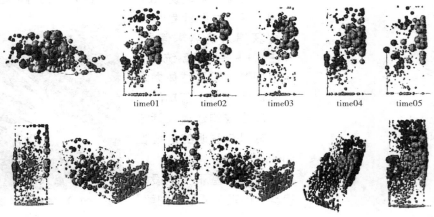

time01   time02   time03   time04   time05

图 2-23 生成设计具有鲜明的过程性和动态性特征[76]

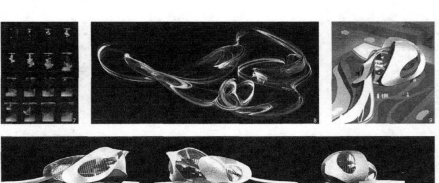

图 2-24 数字图解生成设计方法探索[77]

5）交互性、关联性

生成设计的交互性和关联性特征是其非线性自然属性的客观呈现。在生成设计思维引导下，建筑设计要素之间的相互影响和相互作用并不是以简单的线性叠加来分析和计算的，而是以多要素的交互作用和关联关系为背景来协同考虑的。以建筑功能布局为例，城市文脉、空间形式、建设规模等要素都具有直接或间接的交互作用和互为因果的反馈关系。其功能的合理性是不可以通过简单地在空间中随机添加所需功能空间来获得的，而是应该兼顾多要素对于建筑生成设计过程的影响来综合考虑的（图2-25）。

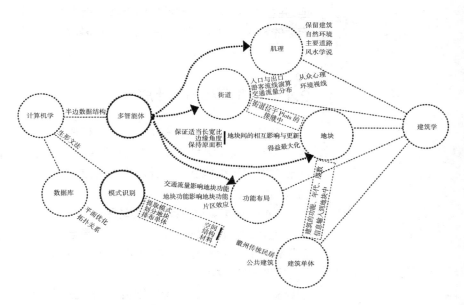

图2-25 "赋值际村"的模块分解图[78]

2.3.4 生成设计思维的局限

生成设计思维基于生成逻辑，由设计者制定生成设计逻辑，通过计算平台的自动化判定来调整建筑设计参数，生成设计过程中没有设计者主观干预，充分利用了参数化技术对于建筑设计过程的引导作用，但是未能发挥设计者对于建筑设计决策的控制作用，导致最终生成的建筑设计方案不确定性过大，易超出预期的项目约束条件而难以实施。虽然设计者能够通过制定生成设计规则，在一定程度上引导建筑元素自组织过程，但建筑元素在自组织过程中并不受设计者控制，每一次计算均具有不确定性，而且在多次计算中被进一步放大，故设计结果存在较大不确定性，难以准确控制其性能水平。

图2-26为"生长的木结构"生成设计案例，在对于形态的选择上，设计者以结构体系清晰合理、稳定、简洁为基本要求，通过有限元分析，对生成设计规则及其结果进行微调，使其在符合逻辑、满足形态要求的同时，避免了结构性能的不合理[79]。

生成设计思维借助数字技术有效提升了建筑设计过程对建筑性能的量化考虑，但也限于其设计过程的自组织特征，生成设计过程获得的建筑形

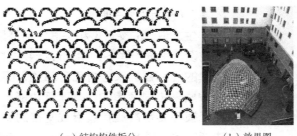

图 2-26 "生长的木结构"生成设计案例[80]

（a）结构构件拆分　　　　（b）效果图

态设计结果存在较大不确定性，易导致建筑结构不合理、经济性差等问题。但是生成设计思维开创性地将参数化技术引入了建筑设计过程，具有承前启后的意义，对性能驱动设计思维的发展起到了重要作用。

2.4　性能驱动设计思维

随着数字技术的进一步发展，人们逐渐意识到了生成设计思维的局限性，进而开始探索能够弥补其劣势的新设计思维，性能驱动思维由此产生。本节依次对于性能驱动设计思维的发展动因、含义进行说明，同时解析其特征和局限性。

2.4.1　性能驱动设计思维的动因

近年来，建筑绿色设计标准的提高与数字技术的普及促发了"性能驱动"设计思维的发展。"自上而下"设计思维与生成设计思维反映了建筑设计过程对于参数化技术应用的两类态度。"自上而下"设计思维以设计者主观经验作为建筑设计决策依据直接进行主观判断，或通过设计者与计算机工具的人机交互过程，逐步将建筑设计决策应用于形态参数调整过程，未能充分发挥数字技术对于建筑设计决策过程的支持作用；而生成设计思维基于生成逻辑，由设计者制定生成设计逻辑，通过计算平台的自动化判定来调整建筑设计参数，生成设计过程中没有设计者主观干预，虽然充分利用了参数化技术对于建筑设计过程的引导作用，但是未能发挥设计者对于建筑设计决策的控制作用，导致最终生成的建筑设计方案不确定性过大，易超出预期的项目约束条件而失去实施可能。

基于对"自上而下"设计思维与生成设计思维正面作用的肯定和负面效果的反思，学界转而寻求参数化技术与建筑设计过程结合的平衡点。"充分发挥数字技术强大计算能力的同时，有效利用设计者的引导和约束作用"成为建筑设计思维演化的新方向。性能驱动设计思维相比生成设计思维更利于成果选择与主观控制，发挥了设计者的主观约束作用；而相比"自上而下"设计思维，性能驱动设计思维又发挥了参数化技术优势，具有更强的设计可能性探索能力[81]。

2.4.2　性能驱动设计思维的含义

性能驱动设计思维已经被广泛地应用于机械设计、自动化设计、航天设计等相关领域，是当代设计学理论的重要组成部分[82]，也辐射到建筑设计领域。

性能驱动设计思维以建筑性能等条件为设计目标，根据场地气候环境特征、设计功能要求，从建筑功能使用和室内物理空间舒适度等角度出发，应用遗传优化算法制定建筑设计决策，基于计算机平台生成建筑的相对最优解集，再由设计者对计算得出的建筑设计方案相对最优解集进行筛选，得出设计问题相对最优可行解。在性能驱动思维引导下的建筑设计过程中，设计者对于建筑设计过程的主观介入发生于优化设计过程前和优化设计过程后，而优化过程中的设计决策是由遗传优化算法根据性能目标适应度函数制定的。

关于性能驱动设计，多位学者给出了相关定义。有学者认为，性能驱动设计是一种用于研发工业和消费级产品的设计方法，能够有效提高单个或多个准则导向设计问题的求解效率，生成多种可行方案，并根据性能评价条件来选取相对最优方案，达成对设计可能性的充分探索[83]；建筑学领域的学者则认为，如果将建筑性能定义为使用者需求与功能等要求的一种整合，那么性能驱动设计可以被阐述为，通过对建筑设计相关的多学科因素的考量，来科学回应建筑性能需求的过程。

2.4.3 性能驱动设计思维的特征

1）双向性

与生成设计思维围绕自组织过程展开不同，性能驱动设计思维强调多性能指标的平衡，存在成果选择与主观控制的自上而下优化筛选过程；同时，性能驱动设计思维又不同于"自上而下"设计思维的主观决策过程，而是引导设计者综合应用建筑性能模拟、建筑信息建模和遗传优化搜索技术，实现了对参数化技术的综合运用。

性能驱动设计思维是兼顾了"自上而下"与"自下而上"两个向度，能够平衡设计过程中计算机客体和设计者主体决策作用的建筑设计思维。如图 2-27 所示，T.Echenagucia 公司基于性能驱动设计思维，以建筑能耗水平最低为设计目标，应用遗传优化算法展开了建筑外窗布局设计。由设计结果可知，虽然得出的方案存在差异性，但是所有的设计结果都呈现出对于一定约束条件的响应。在性能驱动设计思维的引导下，建筑设计方案在探索设计结果可行性的同时，充分回应了预定约束条件的各项要求，达成了参数化技术客观计算能力与设计者主观约束能力的平衡[84]。

2）全面性

性能驱动设计思维的发展基于遗传优化搜索技术的推动。遗传优化搜索技术为设计者呈现了建筑设计背后庞大的解空间，改善了设计者对于建筑复合性能的全局优化能力，为性能驱动建筑设计思维应用奠定了技术基础，使其能够发挥进化算法对建筑设计解空间的全局搜索技术优势，可在设计过程中显著拓展建筑设计可能性探索广度，突破了既有多方案比较试错方法对设计可能性的探索局限，呈现出鲜明的全面性特征。

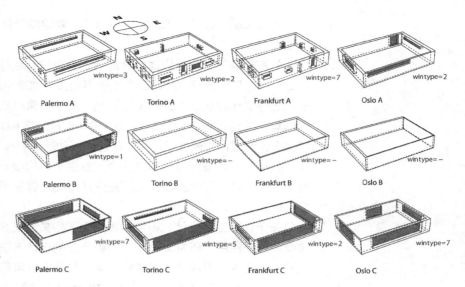

图 2-27　基于性能驱动设计思维的外窗布局设计探索[84]

米凯拉·图林（Michela Turrin）基于性能驱动设计思维，以结构和日照得热性能为驱动力，应用遗传算法对大跨度屋面展开了建筑形态节能设计，其设计结果（图 2-28）是由相同母题设计得出的屋面形态，其起伏角度和位置存在差异，在回应设计目标的前提下产生了多组最优建筑形态方案供选择。通过组合筛选，性能驱动设计极大地扩展了问题求解空间，使得设计问题的解决更加全面[85]。

3）耦合性

性能驱动设计以性能要素为驱动力，在综合满足各项性能要求的前提下，创作出多样的空间形态和功能解决方案，由设计者从中选择出最佳方案，实现对多目标问题的优化求解。在优化求解过程中，性能驱动设计思维可耦合考虑温度场、引力场、湿度场等物理场的叠加作用和相互影响，权衡考虑呈现负相关关系的多建筑性能目标，呈现出鲜明的耦合性特征。

建筑自然采光可有效改善室内照度，但也有引发眩光的风险。如何权衡考虑自然采光性能目标与眩光防护，成为建筑多性能目标优化设计中的重要问题。如图 2-29，基于遗传算法生成了 50 代解决方案，性能驱动设计思维可以帮助设计者权衡冲突目标，获得各性能相对均衡的建筑设计方案[87]。

4）高效性

既有建筑设计过程，多通过性能模拟比较多设计方案，制定设计决策

图 2-28　Michela Turrin 展开的大跨屋面性能优化设计研究[86]

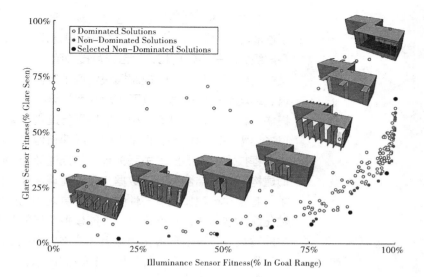

图2-29 基于性能驱动设计思维权衡照度和眩光性能目标[87]

调整方向，通常在已经完成的建筑方案的基础上进行建筑性能模拟分析与评价，若不达标，需对建筑方案进行反复调整修改，效率低，耗时长。性能驱动设计思维借鉴自然物种进化机理，展开设计参量种群迭代计算，可显著提高设计效率，降低设计耗时。如图2-30所示，在2008年北京奥林匹克体育馆的方案设计中，设计者基于性能驱动设计思维，展开了钢梁定位设计参量优化设计，对海量设计方案进行了比选，并根据各代种群计算结果自动制定设计决策，在遗传、变异600代后，得到相对最优解集。这一过程充分地体现了性能驱动设计思维的高效性[88]。

2.4.4　性能驱动设计思维的局限

性能驱动设计思维需要设计者掌握一定的参数化设计方法与技术相关知识，相比其他建筑设计思维，对设计者的知识结构和水平提出了更高的要求，学习成本较高，需要依托智能化水平较高的设计工具进行推广应用。

性能驱动设计思维也对建筑环境信息管理的智能化水平提出了新的挑战，凸显了既有建筑环境信息建模技术参数化关联程度低和多平台间数据交互能力不足的局限。在参数化关联方面，建筑环境信息建模过程需处理建筑几何、材料、构造等多类信息，但既有建筑环境信息建模技术需以人机交互方式进行信息处理与控制，未建立不同建筑环境信息图元之间的参数化关联关系，难以满足性能驱动设计过程对于建筑环境信息模型参数自适应协同调整的需求。

图2-30 基于性能驱动设计思维的优化设计探索[88]

针对上述性能驱动设计思维呈现的局限，已有学者展开了探索。提出了性能驱动设计思维下的动态建筑信息建模流程，由参数化控制模块建构、多层级关联关系建构和跨平台交互接口建构 3 项子流程构成（图 2-31 a）。其中，建筑信息参数化控制模块建构子流程应用建筑信息建模技术集成建筑、环境与性能信息，进而应用参数化编程技术编写各参量数值独立控制模块，将建筑各层级信息控制模块平行建构于参数化编程平台中；建筑信息多层级关联建构子流程基于建构的建筑信息参数化控制模块，应用参数化编程技术，将提出的关联关系文字描述转译为数学约束；跨平台交互接口建构子流程结合需进行数据交互的建筑性能模拟工具类型和数据格式要求，制定建筑建模工具与性能模拟工具之间的数据交互策略，进而应用参数化编程技术构建建模工具与性能模拟工具的数据交互接口，使建模工具中的建筑、环境信息转化为建筑性能仿真模拟工具可读取的数据格式。由此可见，每一步的运作都需要有相应的技术支持，也需要设计者对于技术掌握得比较熟练 [89]。

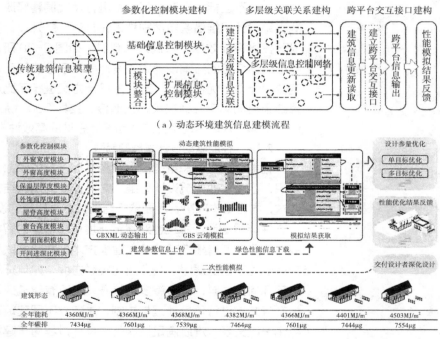

图 2-31 性能驱动设计思维下的建筑环境信息建模探索 [89]

（a）动态环境建筑信息建模流程

（b）Revit 平台与 GBS 平台建筑环境信息自动交互流程

第3章 建筑信息参数化建模

建筑信息参数化建模是建筑参数化设计的核心环节和重点内容。本章将从建筑信息参数化建模方法、参数化建模工具以及参数化建模实例三部分，对建筑信息参数化建模进行理论与实践层面的系统解析。

3.1 参数化建模方法

随着计算机技术的不断发展以及设计者对于建筑设计策略的不断探索，基于计算机自动化处理的建筑多层级信息转化需求目标日益提高。作为设计者，学习参数化建模方法能够更加高效地掌握建筑参数化设计理论，并在设计实践中更准确地实现参数化设计概念。本节将从参数化建模逻辑的建立、建筑环境信息建模、参数化映射关系建构以及信息参数后处理等四方面介绍建筑信息参数化建模方法。

3.1.1 参数化建模逻辑

在参数化建模之初，需要建立明确的参数化建模思维逻辑，其能够指导设计者逐步将碎片式的建筑参数信息向高度整合的参数化模型转换，同时将概念意向逐步固化为现实成果。参数化逻辑建构通常来源于两种思维导向，分别为基于概念推理的参数化建模逻辑建立、基于原型演化的参数化建模逻辑建立。

1）基于概念推理的参数化逻辑建构

建筑参数化设计概念阶段，设计者基于现有的场地环境、地理信息、人群行为等要素，通过参数化手段，从建筑功能、流线以及景观等方面实现建筑设计与环境信息的互动。

本小节将以羊毛线实验参数化模型建构为例进行阐释，如图 3-1 为某建筑设计场地分析图，图中现有信息为设计者基于场地及环境因素划分的两条内部轴线、基地主要人流来向以及场地周边道路及出入口状况。基于上述信息，设计者意图通过参数化手段，对场地内部的人流路径进行参数化建模，实现内部流线对于人流来向以及场地轴线等信息的回应，并作为推动后续设计的核心指导因素。

基于初步设计概念，设计者建立建筑多层级信息参数之间的对应关系，梳理既有多层级建筑信息脉络，明确既有信息体系中是否包含可直接提取并深化处理的信息参数。

如图 3-2 为羊毛线实验示意，通过对建筑信息的梳理，设计者根据初

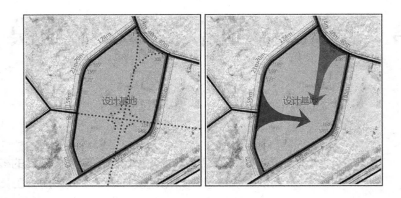

图 3-1 场地基础分析

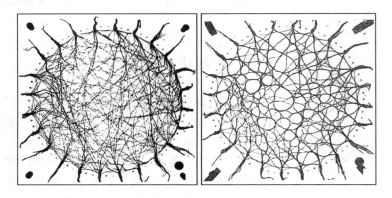

图 3-2 弗雷奥托的羊毛线
实验[90]

步形成的设计概念，进一步确定了场地平面中的各出入口位置。上述信息作为场地中的待提取信息，可分解为各场地出入口的位置信息、各出入口人流量信息以及场地边缘位置对于路径生成的限制信息等，设计者将利用上述信息进行参数转换，以实现人流路径的参数化建模。

每一种建筑信息参数均具备特定的数据结构以及功能涵义，通过对建筑信息的参数化建模，能够提升设计者对多元建筑信息数据结构的编辑和管理能力。设计者首先对建筑信息进行分析，考虑其对建筑设计场地及周边环境的影响方式，进一步将场地与周边环境参数整合入参数化建模过程。例如基于羊毛线实验原理，设计者通过对于场地中多类型定位点分析，提出要实现内部流线的合理规划，需使各定位点对基地内部人流施加吸引或排斥作用，使人流呈现聚集或分散。设计者借鉴引力与斥力物理作用过程，设定场地中定位点的引力、斥力属性及权重，其将对场地中列举的可能人流路径阐述吸引和排斥影响。确立参数化建模逻辑后，设计者进一步梳理参数化设计中的关键信息、完善设计概念在各阶段的衔接关系。在此阶段中，设计者需对参数化模型的生成逻辑进行优化，确定逻辑流程中的建筑信息映射关系符合设计概念；其次，设计者需要思考参数化建模得出的建筑信息体系是否完善，以保证建筑设计成果的合理性，保障设计概念的贯彻落实。

例如在实践案例中，设计者对基于场地出入口要素、轴线等要素信息参数化设计流程进行梳理，完善了信息结构之间的数据映射关系。同时，

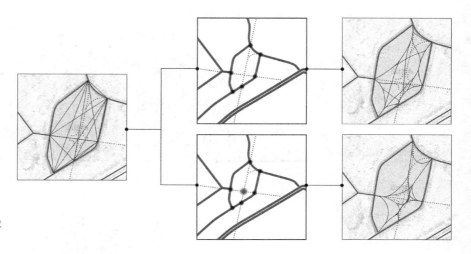

图 3-3　设计理念导向的参数化逻辑建构探索

在对于场地基础信息的二次分析过程中，设计者发现落于轴线交点处的建筑高层塔楼对人流同样存在吸引作用，故将塔楼位置添加入参数化设计逻辑中，拓展了场地设计影响要素，并提高了场地设计的合理性，设计结果如图 3-3 所示。

2）基于原型演化的参数化逻辑建构

不同于基于概念推理的参数化逻辑建构，基于原型演化的参数化逻辑建构通过对既有原型的借鉴和发展，展开建筑参数化建模。

在哈萨克斯坦新国家图书馆公开方案竞赛中，丹麦 BIG（Bjarke Ingels Group）建筑师事务所的设计作品最终取得了第一名，成为最终的实施方案。建筑 3.3 万平方米的面积分布在一个连续循环的莫比乌斯环上。整个建筑由圆形和公共盘旋空间两部分组成。图 3-4 能够清楚地说明该建筑的水平功能空间是如何转换成垂直空间的，这其中包括了垂直方向的空间等级、水平连接和斜向穿插的视线。看似复杂，而 BIG 的剖面和图解给出了清晰的方案生成过程，一个线性功能空间被糅合在一个无限循环的空间中[91]。下面以哈萨克斯坦国家图书馆的表皮设计为例（图 3-5），通过对于其表面动态开窗模式原理的探求，阐述建构参数化思维逻辑的基本流程。

自然界中任何系统的设计与运行均蕴藏着潜在规律，参数化设计也是基于建筑系统组织规律，通过对系统设计条件的分析，对参数化设计进行解构，再通过分析其内部组织规律，试图寻找出相似元素变化规律以及同类元素组合规律，并将其简化、抽象为数学原型，进一步提出该系统的关键影响要素。哈萨克斯坦国家图书馆的表皮形式具有以下特征（图 3-6）：首先，其表面窗洞的整体分布在曲面 uv 方向上可呈矩阵式排列，

图 3-4　哈萨克斯坦国家图书馆的空间生成逻辑[91]

环形体量（内聚）　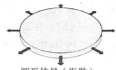圆形体量（发散）　拱形体量（指向）　融合体量（共生）

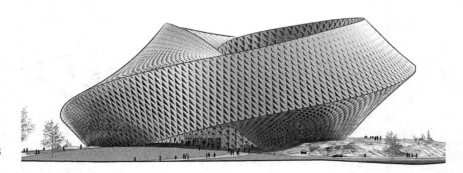

图 3-5　哈萨克斯坦国家图书馆整体形态 [91]

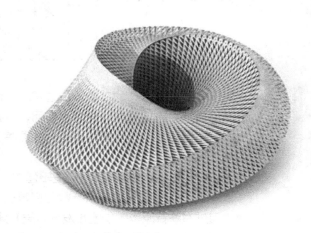

图 3-6　哈萨克斯坦国家图书馆外部表皮 [91]

任意窗洞均可占有曲面 uv 方向上的同一单元格位；第二，任意独立窗洞均由单一单元格上的固定端点向内不同程度的缩进而形成；第三，窗洞大小的变化趋势具有明显的连续性，其影响每一窗洞的参数也应具有较强的连续性。

设计者应根据掌握的参数化建模逻辑知识，梳理各类型相关的数学原理，判断影响要素，并进一步反向推导建模相关要素。在哈萨克斯坦国家图书馆实例中，基于所总结的建模要素，反向推导得出建筑窗洞受影响原型，如各窗洞的第一端点向对角线方向的缩进比例，该参数与窗洞尺寸正相关；设计者可通过窗洞尺寸变化，判断其影响要素的变化趋势。

在逻辑完善阶段，设计者应对可能实现设计结果的多种思维逻辑进行系统整理，建构多套从"无参数约束基础模型"逐步衍化为"有参数约束全局模型"的系统思维逻辑，并探索多种逻辑相互融合的可能性。由于对既有原型的演化并不是直接复制，因此适当的整合相关逻辑概念，有利于使参数化建模逻辑与主观设计概念、具体设计要求相吻合；同时多种影响要素的整合设计，也有利于拓展参数化建模逻辑思维。

在哈萨克斯坦国家图书馆实例中，设计者可基于原型演化凝练出如点干扰、线干扰、日照参数作用、风压参数作用等建模思路，进而建构多类型参数化建模逻辑，案例采用了日照性能导向的表皮窗洞参数化建模逻辑（图 3-7）。

图 3-7　日照性能影响下的表皮生成[91]

3.1.2　参数化建模过程

建筑与环境子系统交互作用、相互影响，并共同构成了人居环境系统。参数化建模过程是对建筑与环境子系统信息的集成和信息化关联关系建构，其首先需通过低空摄影测量、局地气候实测、全天空扫描来采集建筑环境信息，随后应用参数化技术建构所采集建筑环境信息的参数化关联关系，从而为建筑环境系统交互作用解析和多目标优化设计奠定基础。

建筑环境信息是参数化建模实现的基础，其包括建筑形态空间、材料构造、设备运行等建筑多层级信息，还包括局地气候、场地风貌、城市文脉等环境多类型数据。如图 3-8 的室外空间参数化建模中，其建筑环境信息包括：东西翼围合场地的建筑形态、空间和材料构造信息，以及设计场地的局地热环境、风环境、日照辐射等环境信息，也包括建筑设计风格、城市历史文脉、街区文化风貌等信息（图 3-9）。

建筑与环境信息采集是建筑环境信息参数化建模的重要基础。完成建筑与环境信息采集后，设计者将基于所采集的建筑和环境信息，通过映射元素建构、映射关系建构展开建筑环境信息参数化建模。

1）映射元素建构

在映射元素建构过程中，设计者将梳理参数化建模逻辑并对流程中的参数化映射过程进行分析，进而对映射过程中的作用信息与被作用信息进行提取，作为参数化映射的原始信息。其具体内容对于任意参数化建模流程来说，均分为原象信息以及算子信息两类。

对于原象信息，"原象"本为数学专业名词，含义为给定一个集合 A 到集合 B 的映射，且如果元素 a 和元素 b 对应，则元素 b 叫做元素 a 的征象，元素 a 叫作元素 b 的原象。相似地，我们将原象信息作为建筑参数化建模映射过程中的元素，其含义为特定参数化映射关系下，进行参数化转换的

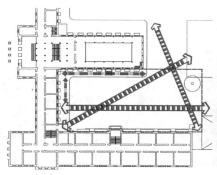

图 3-8　参数化建模案例平面图（左）
图 3-9　参数化建模案例鸟瞰图（右）

元素在转换之前的状态，即为待转化的建筑环境信息群组。

将原象信息作为独立信息类型来讨论，是由于其需要被后续调用的特性不同于一般的建筑环境信息。在建构原象信息时，需根植于各类可调节的基础参数，如独立的数组、数列，或基础几何元素如点、线等。以此类信息为控制要素来创建原象，进而用数学方法实现对信息内容的控制，即完成了原象信息的参数化转换。

原象信息创建完成后，设计者需基于特定参数化设计流程，对原象信息中的受影响参数进行提取并置于参数化建模平台中，只有成功提取此类参数的原象信息才能正确进行后续转化操作。譬如在室外空间参数化建模实例中，原象信息为基于场地现有范围建构的固定大小单元格群组，群组单元尺寸由可控制的二维数组构成，同时单元格中心位置参数、各单元格边缘参数等信息也被提取并置于参数化平台内，其将作为后续参数化转换的起点，如图 3-10 为场地中建立的初始单元格。

对于算子信息，算子一词同样来源于数学领域，其被定义为一个函数空间到函数空间上的映射 $O: X \rightarrow X$。相当于基础数学运算中的运算符号。在认知心理学领域，算子则被定义为人在解决问题时要利用各种算子来改变问题的起始状态，经过各种中间状态，逐步达到目标状态，从而解决问题，即解决问题中的种种操作。同样地，在参数化建模中，将对原象信息构成映射作用的建筑信息定义为算子，原象信息通过单个或多个算子的作用，逐步转化为目标状态。

参数化建模中，基于特定的参数化建模逻辑，作为算子的信息通常可从各类建筑形态以外的影响要素中进行提取，如各类绿色性能参数、场地行为参数、周边城市环境等。同时作为影响因素的算子信息作用于原象信息，需在参数化建模平台中对算子信息进行简化与抽象转换，使其能够直接作用于模型元素，如将其抽象为影响数列、引力曲线、灰度干扰等形式。在室外空间参数化建模实例中，设计者将核心影响因素进行抽象与转换，使场地内部流线转化为曲线形式，建筑采光需求权重转译为采光窗平面位置参数，高度限制要素转译为数列结构，如图 3-11 为室外空间中建立的算子信息要素。

2）映射关系建构

参数化映射关系建构是在完成建筑环境信息建构的基础上，根据算子

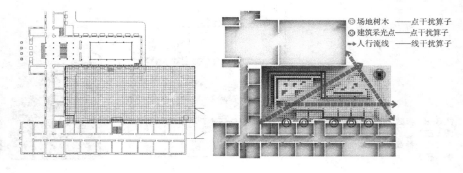

◎ 场地树木 ——点干扰算子
◉ 建筑采光点——点干扰算子
➡ 人行流线 ——线干扰算子

图 3-10 场地中建立的初始单元格（左）
图 3-11 场地算子信息集成（右）

信息架构，实现原象信息的分阶段转译。映射关系建构需依托计算机程序语言，展开大量数据的信息互动及转译，其包括信息编辑与信息创建两类。

对于信息编辑类映射关系建构，在对基础模型中的原象信息进行参数化映射关系建构时，基于既有的参数化逻辑，设计者需针对现有原象信息内容，完成形态的几何转化。信息编辑类映射关系不仅包括建筑形态与空间信息的映射关系建构，还包括建筑墙体、屋面等围护结构构造信息，以及建筑空调机组、采暖照明等设备的运行维护信息的映射关系建构。

信息编辑类映射关系建构依托于建模平台的内部指令库，常见的编辑指令包括移动、旋转、缩放、镜像、阵列等。在映射关系建构过程中，通常将原象信息作为初始输入，算子信息作为控制参数输入，同时需保证两类信息的数据结构满足特定算法要求，最终完成算子信息导向下的原象信息转译。在室外空间参数化建模实例中，基于生成的单元格，设计者首先对其进行批量缩放操作。以每单元格中心点为缩放原点，测量其中心点与最近人流路径曲线的距离，同时测量其中心点与最近地下采光位置的距离，取二者中的较小值为有效参数，再通过对参数的数值处理，提出缩放比例参数，输入缩放指令，最终得到人流与采光双重映射下的建筑设计方案（图3-12）。

对于信息创建类映射关系建构，设计者基于现有环境分析创建建筑形态空间、材料构造、设备运行维护等设计元素，并在此基础上，通过建筑环境信息参数化建模，逐步展开建筑设计方案的生成和优化。

信息创建类映射关系建构多应用于形态元素创建，其涉及的参数化指令与特定的建模平台具有较强关联性，但通常按照点—线—面—体的逻辑进行生成，其中每生成一组形态，均需输入作为主体参照的上级形态，其生成形态的数据结构将与参照形态的结构保持一致；同时形态的生成通常需要输入额外的控制参量，作为基于参照形态的控制参数，这就给多类型算子信息的介入提供了渠道，设计者可通过算子信息群组的输入，实现其对于形态生成的控制或干预作用。室外空间参数化建模实例中，设计者基于缩放后的单元格面，在生成地面高度时，提取每一单元格面的中心位置

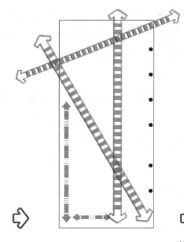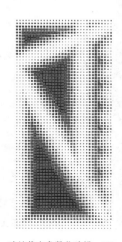

图 3-12 信息编辑类映射关系建构探索

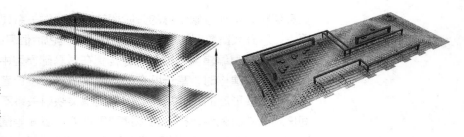

图 3-13 信息创建类映射关系建构探索（左）
图 3-14 信息创建类映射关系建构成果（右）

并测量其与最近人行路径曲线的距离，若距离小于 2m 时不进行挤出命令，大于 2m 时将距离参数做同类数学转换后作为挤出高度参数，同时限制最大挤出距离为 1.5m，即可得到在人行流线影响下的地面形态（图 3-13）。实例中参数化模型建构过程完成后，经过进一步的深化设计最终得到如图 3-14 所示的景观效果。

3.1.3 参数化建模完善

按照特定参数化逻辑完成模型建构后，设计者需要进一步从建筑施工可行性、成本控制和绿色性能改善等方面，展开建筑参数化模型的优化和完善，避免其不符合建筑施工规范要求、成本控制约束和绿色性能相关设计标准要求。

1）原象信息完善

在原象信息建立之初，会必然附有单个或多个可调节参数作为控制要素，其类型可为单一数字或独立几何元素。参数化形态初步生成后，可通过对上述参数进行主观调节，实现原象信息的完善，进而对最终映射结果产生影响。在对原象信息参数进行调节时，其与最终设计方案之间的转化多需要通过多个映射过程来实现，而映射过程越多，原象信息变化所引发的成果变化就越复杂。设计者应首先梳理原象信息转译流程，明晰原象信息的演化机理，才能进行有针对性的完善，提高模型调节的效率以及最终模型的质量。

2）映射参数完善

映射关系建构时，多类型数学运算的出现同样会导致部分可控参数的附加。此类参数通常会影响特定映射关系中的定量参数，因此其作用形式较为简单。设计者只需梳理与特定参数相对应的参数化映射关系，明晰参数对于映射关系的作用方式，并做出针对性完善。如图 3-15 参数化建模实例中，设计者通过调整迭代单元中线条群组的夹角参数，实现对于模型形态开合程度的完善。

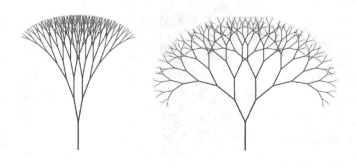

图 3-15 映射参数完善实例

3.2 参数化建模工具

参数化辅助设计软件是进行参数化建模的基础工具，其核心功能是能够将模型信息转化为参数信息并实现量化控制。我们通过在参数化辅助设计软件中进行各种操作，建立不同参数之间的参数化关联，并由少数的核心参数控制整体形态，形成一套完整的建立逻辑；进而借由修改少数参数达到控制整体形态变化的目的。同时此类软件均建立于传统建模平台之上，可以拾取建模平台中的元素作为逻辑中的一环，其生成的形态也将同步至建模平台中进行后续调整。常用参数化建模工具如表 3-1 所示。

参数化建模工具对比表　　　　　　　　　　　表 3-1

工具类型	工具名称	建模平台	支持脚本语言
节点式编程	Grasshopper	Rhinoceros	Python，VB，C#
	Dynamo	Autodesk Revit	Python，C#
	Generative Components	Microstation	
脚本式编程	Monkey	Rhinoceros	Rhinoscript
	MEL	Autodesk Maya	Maya Embedded Language
	Maxscript	Autodesk 3ds Max	Maxscript

在上述参数化建模工具中，节点式编程工具是在脚本式编程工具基础上针对设计者开发的友好型参数化建模工具。而在节点式编程工具中，Rhinoceros 平台下的 Grasshopper 工具以及 Autodesk Revit 平台下的 Dynamo 工具以其卓越的性能和充分的可拓展性，正逐步成为参数化建模主流工具平台，本节将对其进行具体介绍。

3.2.1 Rhinoceros & Grasshopper

在常用的参数化辅助设计软件当中，Rhinoceros 和 Grasshopper 组成的参数化设计平台是目前最为流行、使用得最为广泛的平台，这主要得益 Rhinoceros 建模软件强大的造型能力和 Grasshopper 独特的可视化编程建模方式。本节分为三个部分，分别介绍 Grasshopper 和 Rhinoceros 相关软件概念以及 Grasshopper 基本功能。

1）Grasshopper 基础概念

Grasshopper（GH）是 Robert McNeel & Associates 公司基于 Rhinoceros 平台开发的一款可视化节式的参数化建模插件。与传统建模软件相比，其操作方式有很多明显的不同。GH 操作界面用来编辑每段生成算法（以运算器的形式显示）和他们之间的数据关系（以运算器之间的连线模式显示），最终构架出一套完整的模型生成逻辑算法（图 3-16）。

其最主要的特点是可以通过一系列模块化的建模指令（运算器）来搭建起一个模型完整的生成逻辑，并通过计算机运算执行这些指令来生成最终的模型。这些建模指令的功能同计算机语言函数一样，有着带有规则要

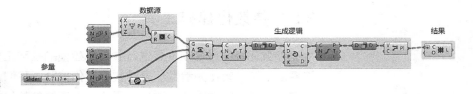

图 3-16　GH 模型生成逻辑

求的输入项和输出项，运算器间的数值传递由直观的连线所表现，代替了繁琐的命令行中的数据传递操作，通过节点与连线的方式组织自己的算法与几何操作，让使用者能够更清楚地把握与驾驭自己的复杂设计思维。在建模与调控过程中，Rhinoceros 窗口可以监视程序编写所形成的几何图形，这不仅迎合当今参数化设计思潮，而且对于建模思路的实现也很有利[92]。GH 是用高级语言开发的插件，因此具有极大的开放性，允许用户利用高级语言进行广泛的插件自定义功能拓展。在插件内部 GH 提供了 .NET 框架下的 VB 与 C# 编程运算器，使用者可以开发出自己的 GH 运算器，并且保存为用户自定义运算器，可以永久使用（图 3-17）。

2）Grasshopper 基础平台——Rhinoceros

Rhinoceros（简称 Rhino），是 Robert McNeel & Associates 公司于 1998 年 8 月正式推出的基于 PC 平台的强大 3D 造型软件。Rhinoceros 的出现在 3D 软件业界具有革新意义，它是第一款将 NURBS 建模引入 Windows 系统的计算机辅助工业设计（CAID）软件，它对低配置硬件设备和 Windows 系统的良好兼容性、其自身功能的完善性以及低廉的价格使全世界 3D 产品使用者摆脱了过去昂贵的 3D CAD、CAID 软件系统和要求苛刻的硬件设备的梦魇。从设计稿、手绘到实际产品，或是只是一个简单的构思，Rhino 所提供的曲面工具可以精确地制作所有用来作为渲染表现、动画、工程图、分析评估以及生产用的模型。Rhino 可以在 Windows 系统中建立、编辑、分析和转换 NURBS 曲线、曲面和实体，并且不受复杂度、阶数以及尺寸的限制。广大 3D 爱好者都有机会在个人 PC 平台上实现自己的创作

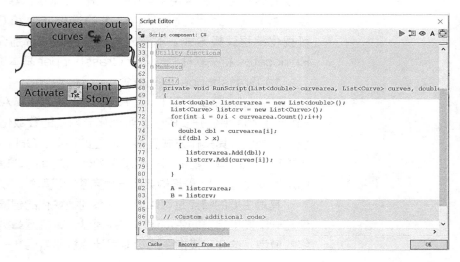

图 3-17　GH 的 C# 程序开发界面

梦想，Rhinoceros 对 3D 软件行业的发展起到了推动作用。

Rhinoscript 和 Grasshopper 参数化插件相互协作工作已经使 Rhinoceros 平台成为目前参数化设计领域的主力平台。Grasshopper 和 RhinoParametrics 等动态直观的可视化参数化编程工具使设计者摆脱了枯燥繁复的计算机代码编程限制，以直观、友好、互动的方式满足参数化建筑设计的探索。

在使用 Grosshopper（GH）进行参数化建模过程中，GH 可用来编写生成逻辑，Rhino 作为运算平台将生成的模型进行直观展示（图 3-18）。Rhino 界面作为模型的观察窗口，可即时地显示 GH 编写的生成逻辑所运算出来的结果。由于 GH 编写的成果不是模型本身，而是整个模型的生成过程，稍微改变生成逻辑的一些参数即可改变模型最终的运算结果。当在 GH 窗口中编写一个新的运算器，Rhino 窗口中会对应生成相应的几何图形。

3）Grasshopper 常规功能

在 Rhinoceros 界面的命令行里键入"Grasshopper"命令，然后回车，即可打开 GH 操作窗口（图 3-19）。另外也可以在 Rhinoceros 窗口中通过"工具"—"工具列配置"—"工具列"—"新建的菜单选项"进入页面窗口，为 GH 创建快捷启动按钮，此后可以再通过左键点击这个快捷按钮来启动 GH。

GH 的操作窗口比较简洁清晰，菜单栏是软件的一些选项和基本功能菜单。运算器面板栏以文字的方式标示出相应的运算器（电池组）分类。单击标签，显示相应的分类运算器图标（图 3-20）。工具栏主要是与 Rhino 平台的一些互动设置，点击相应的图标，可调整编辑好的电池组的显示比例，也可以点击画笔工具在视窗范围内做板书式标注。窗口底部的信息栏中用于显示当前需要注意的一些信息。

在这些面板当中最具特色的是位于软件窗口菜单栏下方的运算器栏。近 700 个运算器以分组选项卡的形式排列。鼠标点击每组运算器栏的黑色

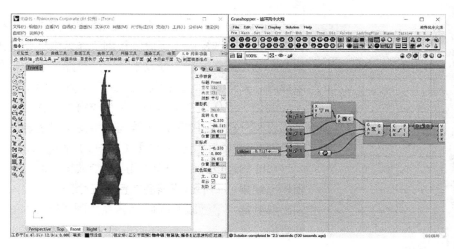

图 3-18　Rhino 和 Grasshopper 联动操作

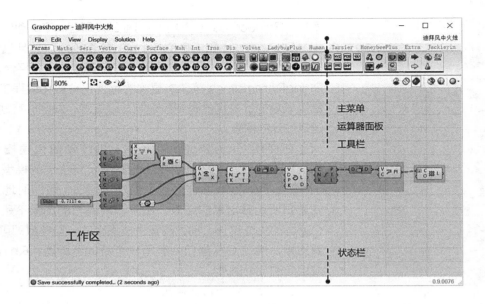

图 3-19 GH 操作窗口

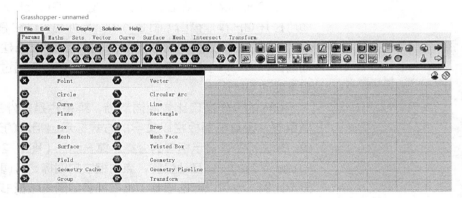

图 3-20 GH 运算器

部分或者右下角的白色箭头,均可获得下拉菜单,获取本组全部运算器。其中大约 100 个运算器在建模过程被频繁使用,属于核心运算器;某些特殊算法运算器使用较少。GH 的基本建模功能都可通过这些不同种类运算器加以实现。

调用运算器的方法有多种,最简单的方法是鼠标选择运算器面板中的运算器,然后选择指定运算器放到工作区内指定位置。无法定位运算器位置时,可在工作区空白处双击调出运算器搜索栏,在输入框中输入所需要运算器的关键词,可获得与输入关键词相关的运算器,放置在工作区内。

另外,工作区左下角的马尔科夫链可以根据一定的法则以及使用记录列出具有一定使用概率的运算器,供使用者挑选使用。对于需要重复调用的运算器,设计者可通过复制(Ctrl+C)、粘贴(Ctrl+V)对运算器进行操作。

GH 的运算器是图形化的广义参数集,通过输入参数,按照自己的逻辑输出结果。一个运算器基本包括三个部分:输入参数端、运算器标识和输出参数端。下面以 Circle 运算器为例对运算器的外观及相关设置进行简要介绍。

（1）输入参数端。输入的参数可以是一个也可以是若干个，通常来说，输入参数端的字母具有一定意义，多数情况下是该参数含义相关单词的开头字母，但也不一定所有的参数都遵循这一原则。例如，Circle 运算器的输入参数端有两个参数 P 和 R，输入的参数 P 为输入圆的基准平面，取单词 Pline 的首字母 P 作为该输入参数的代表；而输入参数 R 为圆的半径长度，取单词 Radius 的首字母 R 代表该参数（图 3-21）。另外，如图 3-22 所示，可以通过在参数上单击右键，在弹出菜单的第一项中修改任意参数的名称。

（2）运算器标识（或名称缩写）。同样，通过在运算器标识上右键弹出菜单的第一项中的输入框中可以修改该运算器的名称。

（3）输出参数端。同输入参数端，输出参数的名称和命名也和输入参数端遵循相同的原则。

将鼠标停留在上述几个不同的部分，会显示出该部分的一些具体的信息，包括名称和描述，以及输入输出参数的当前数据（图 3-23 ）。

下面将对参数面板的所有运算器进行分类描述。

第一类：参数运算器（位置：Params/Geometry & Primitive ）

该类运算器是运算逻辑的基础，GH 通过这些参数运算器在 Rhino 平台中采集或建立最基本的模型要素：点、线、面、矢量、数值、字符等。该参数是构架逻辑的基础，也是需进行编辑的数据类型。在 Point 运算器上点击右键选择 Set Multiple Points，操作视窗即可跳转至 Rhino 界面，我们可以绘制多个点，或选择多个点（图 3-24 ）。这时，Point 运算器会将这些点的数据采集进 GH 平台中，并可用 GH 进一步编辑。

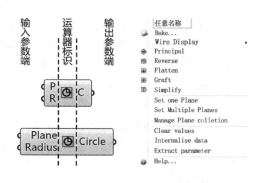

图 3-21 运算器外观结构（左）
图 3-22 修改参数名称（右）

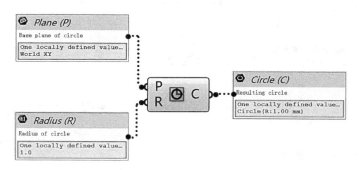

图 3-23 运算器参数信息显示

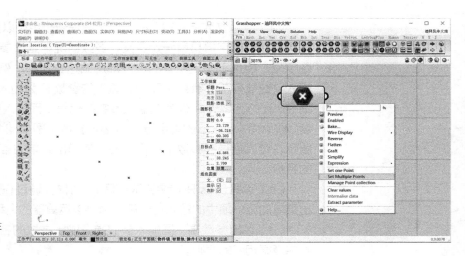

图 3-24 GH 通过运算器在
Rhino 平台中采集点

第二类：指令运算器（位置：除 Params 的其他部分）

指令类运算器的数量占运算器总数的 90% 以上。它们的功能是对参数下达建模或运算指令，其中包含对点的操作、对线的操作和对面的操作等。其运算器组成上分为左侧输入端，中间显示区和右侧输出端。可将一些参数运算器提供的数据类型通过相应的运算得出其他设计者所需的数据类型。如下图 Line 运算器就是典型的将两点连成一条直线的运算器。在 A、B 端输入点的数据，在 L 端输出这条两点之间的连线（图 3-25）。

由于指令运算器已内置了第一类参数运算器的结果，指令运算器的部分输入端有 Set 命令出现。这些命令提示数据类型的存在，可使整个生成算法的逻辑结构更加清晰、一目了然。

在图 3-26 中运用指令运算器绘制平面圆形时，输入端应连接平面参考坐标系数据运算器，当误输入点运算器时不会报错，由于运算器输入端具有数据类型转换的优化算法，此时点被自动转化为以该点为原点的 xy 平面参考系。这种优化使得一些操作更加便捷，但并非所有数据类型都有默认转化算法。在实际操作过程中，需依据逻辑进行运算器衔接。

第三类：特殊运算器（位置：Params/Input & Util）

该类运算器功能各不相同。这里主要介绍两个最常用的特殊类型的运算器：数据拉杆 Number Slider 和数据面板 Panel（图 3-27）。

数据拉杆 Number Slider 用于动态输出一个数值变量。作为基础运算器，Number Slider 在 GH 中使用次数较多。该运算器可输出浮点数、整数、

图 3-25　Line 运算器将两点
连成一条直线

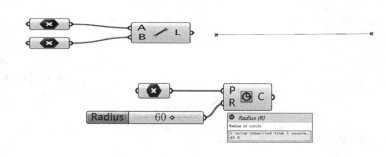

图 3-26　运算器的实时浏览

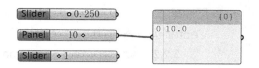

图 3-27　数据拉杆 Number Slider 和数据面板运算器 Panel

偶数、奇数，可设置最大值和最小值。

　　双击 Number Slider 运算器左端名称可进入编辑窗口（图 3-28），依次编辑名称、表达式（与输入参数的表达式相同）、显示模式（图 3-28）、数值类型（R、N、E 和 O 分别代表浮点数、整数、偶数和奇数）、精确到小数点后的位数、区间最小值、区间最大值、区间长度、当前取值。

　　数据面板 Panel 是相对独立的运算器，既可显示输出结果，也可进行数据输入工作。作为显示输出结果的工具时，只需将其连接到运算器的输出端即可（图 3-29）；当用作数据输入工具时，只需要双击 Panel 面板就可输入数据。在 GH 中数据是以列表形式进行传递，例如：在 100 个点上画 100 个圆，其中这 100 个点和 100 个圆的半径数值都是用一个完整的数据列表来存储。利用 Panel 可随时检查运算器数据情况。

　　双击 Panel 工具，弹出 Notes 面板并在其中输入数据，数据可依据建构逻辑进行多种定义，通过不同的参数运算器转化成不同的参数类型。输入一行数值，可通过不同的输入参数识别为不同的数据类型。例如，

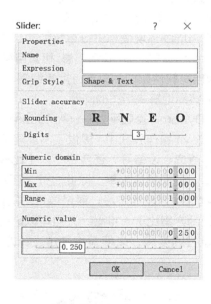

图 3-28　Number Slider 工具详细控制界面

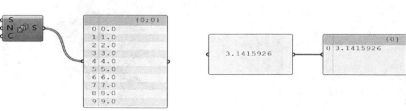

图 3-29　数 据 面 板 运 算 器 Panel 应用

图中输入"1，1，1"，连接到 Color 运算器以 RGB 值进行识别，连接到 Vector 运算器则以向量坐标识别。

3.2.2 Autodesk Revit & Dynamo

1）Dynamo 基础概念

Dynamo 是基于 Revit 平台的拥有图形化界面的脚本编辑器，组织连接预先设计好的节点（Node）来表达数据处理的逻辑，形成可执行的一套建模程序，降低传统建模程序的复杂度，设计者能更多地注重于功能开发的本身。虽然 Revit 软件能以参数化方式调用门窗、墙板柱等族库，并能对图元参数进行管理与编辑，与 Dynamo 的整合进一步提升了该协同平台的参数化建模能力。

Dynamo 程序和 Revit 的 BIM 模型能即时互动，对复杂的几何参数化造型设计、数据连结、流程自动化等工作都能很好地支撑。Dynamo 计算引擎功能明确，可处理通用的计算设计需求，譬如列表处理、逻辑计算、数据可视化等 [93]（图 3-30）。因此 Dynamo 可被当作独立的计算工具使用，也适用于设计流程中的建模过程。实际上从程序内部来说，Dynamo 仅把 Revit 相关功能作为一个模块载入进来，类似于 Dynamo 载入 Excel 模块。

Dynamo 的优点包括：（1）创建智能、自适应调节的建筑模型。在建筑项目中，经常要在空间、几何形体、模块功能之间创建逻辑关系。该任务可利用 Dynamo 进行设计自动化，Dynamo 可建构程序参数脚本，利用 Dynamo 脚本建立参数映射模型，即利用 BIM 数据映射模型原理，使建筑信息与周围环境信息进行更智能的互动。（2）自动化数据录入和文档编制。Revit 强调全方位建筑信息，可其自身提供的数据录入工具非常有限。Revit 因自身软件架构中不支持批量编辑，而在 Dynamo 中通过脚本的创建就能很容易地解决相关的问题。

2）Dynamo 基础平台——Autodesk Revit

在 Revit 操作界面中，提供了常规建筑物所有构件的按钮，如墙、柱、门、窗、管道、设备等，还自带了一个比较丰富的族库，用于不同类型构件的选择，建模操作简单。除此之外，还对不同专业增设了相关的功能：（1）在建筑规划设计阶段，通过体量功能可以快速创建出建筑形体轮廓，用于设计师方案比选、推敲，并且可以进行日照分析，观察建筑内部房间是否满足日照要求，以便最终确定设计方案。（2）在结构建模时，定义

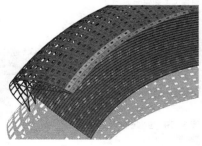

图 3-30 在 Dynamo 中创建的针对座椅的自调节遮光系统 [94]

好荷载和边界条件后，可以进行结构分析计算并对分析模型和物理模型进行一致性检查。（3）在机电建模阶段，定义好管道系统流体、流量等参数后，可以进行冷热负荷计算、能量仿真计算，根据计算结果进一步优化整个管道系统。（4）在最新 2018 版 Revit 中新增钢结构建模功能，收录了近 200 个常用钢结构节点，已经具备创建完整钢结构模型的能力。

在 Revit 中有两个核心概念分别为"族"和"样板"。"族"概念可以形象为"积木"或"配件"，所有的构件都可以称之为族，墙、梁、轴线、标注、乃至线条都是族，所以在建模过程中，需要选择合适的"族配件"，建立的模型才能精确，建模速度也更快捷。如果把"族"比喻为"配件"，那么"样板"就是"配件箱"，创建不同的模型需要使用不同的样板，如创建建筑结构模型就使用建筑样板，创建 MEP 模型就需要使用 System 样板，减少软件内设置和不同族载入的时间，也可以根据项目实际需求创建自己的样板，更方便软件的操作使用。

Revit 的优点包括：

（1）数据关联性。在已经建好的模型中，所有数据可以实时联动，例如，在平面图中对某一扇窗户进行了调整，立面、剖面中窗的位置就会相应调整，在窗户明细表中数量也会实时变更，在创建的二维图纸中，也相应发生变化，真正实现了软件中一处修改，处处变化的联动效果。

（2）任意剖切。Revit 可以对模型任意面进行剖切，实时显示剖切面图形，更加方便识图，也显示出 BIM 可视性的优越。

（3）定位关系。族的创建是基于特定面的，如家具是基于墙体创建，距离墙体 500mm，那么在该墙体进行位置变化后，家具自动随墙体变化而变化，在高精细度建模中的多方案比较过程中，其优势更加明显。

（4）扩展能力。开放的底层架构体系是 Revit 的又一优势，目前国内有很多软件公司在进行基于 Revit 的二次开发，间接优化了 Revit 的建模速度和建模能力。

Revit 的不足包括：

（1）定位关系关联降低运行速度。定位关系是 Revit 的优势，也是其劣势，因为所有的构件定位相互关联，大量的后台数据处理会造成软件运行速度降低，尤其是单个模型文件达到百兆以后尤为明显，也导致其对计算机硬件要求较高。

（2）自建族多。Revit 提供了一个相对完善的族库，但是对于较复杂的建模问题还是不够，这时候就需要创建族，耗费的时间和精力较多。

3）Dynamo 常规功能

首先简单介绍 Dynamo 的界面与节点，Dynamo 的工作界面和 Revit 是独立分开的，但是又可以并行工作，2017 及以上的 Revit 版本中，Dynamo 已经成为默认安装的插件；对于 2015 和 2016 版本的 Revit 需要安装 Dynamo 程序后从 Revit 的"附加面板"中启动 Dynamo。启动 Dynamo 后，用户可以通过置入节点进行可视化编程。Dynamo 节点库可分为八大类，如图 3-31 所示（左侧菜单栏部分），依次为 Analyze（分

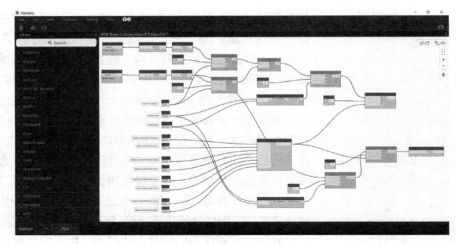

图 3-31　Dynamo 工作界面

析节点)、BuiltIn(内置节点)、Core(核心节点)、Display(显示节点)、Geometry(几何图形节点)、Office(办公软件相关节点)、Operator(运算节点)、Revit(Revit 相关节点)。

如图 3-32 所示,通过"创建节点"Rectangle.ByWidthLength 输入长宽建立矩形,此类节点命令的语法结构是"创建的内容·创建所需的方法"。再使用"创建节点"Curve.Patch 将平面内的封闭曲线填充,生成矩形平面,此类节点命令的语法结构是"操作的内容·执行的操作"。"查询节点"Surface.Area 可以查询图形面积,此类节点命令的语法结构是"查询的目标·查询的内容"。

Dynamo 每一个节点都有其对应的功能,通过导线将多个节点按照一定的逻辑关系连接起来,进而形成可视化程序获得目标结果。常用的节点通常由 5 个部分组成,分别为节点名称、输入项、输出项、连缀图标和节点面板,如图 3-33 所示。节点输入项读入正确的参量,节点进行功能运算,结果从输出项读出。若输入了错误的参量类型,则该节点运行失败,以黄色显示,如图 3-34 所示。当程序终结点数量较多时,可以通过"编辑"菜单下的"对齐选择"功能将一系列节点按照给定方式进行对齐排列,使程序更加整齐、美观,便于理解。

Dynamo 可进行有效的形体创建和信息管理。

第一类:几何建模类(直线、圆形、多边形、长方体、球体、曲线和曲面)

该部分是 Dynamo 中基础的几何建模节点,包括基础点线面体的建立,

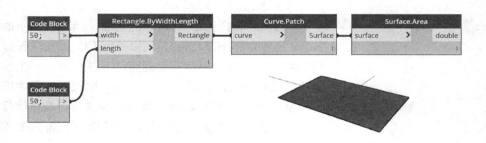

图 3-32　节点链接示意

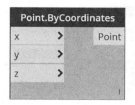
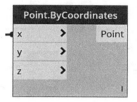

图 3-33 节点 Point.Bycoor-
dinates（左）
图 3-34 节点运行失败（右）

"Line.BystartPointAndEndPoint"命令可通过两个坐标点创建直线。如图 3-35 所示，通过输入起始点（0，0，0）和（10，10，0）得到一条由两点连接的直线。"Circle.ByCenterPointRadius"命令通过输入坐标点和半径创建圆形，如图 3-36 所示输入圆心点坐标（0，0，0）和半径 10 得到曲线圆形。

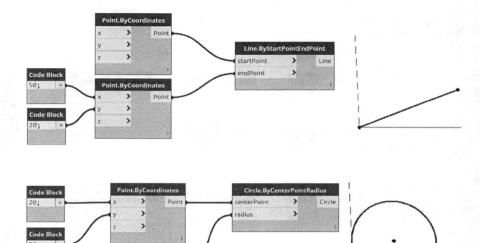

图 3-35　创建直线

图 3-36　创建曲线

　　"Polygon.ByPoints"命令通过输入各点坐标创建多边形，如图 3-37 所示，输入坐标（0，0，0），（5，0，0）和（5，5，0）并使用"List.Create"将多点坐标放入一个集合中后连接"Polygon.ByPoints"节点，则可将各顶点按列表中的顺序一一连接生成多边形。"Polygon.RegularPolygon"命令可建立等边多边形，如图 3-38 所示，通过输入中心点坐标和多边形边数，可以得到相应的多边形。"Cuboid.Bylengths"命令通过输入长方体中心坐标和长宽高的数值创建长方体，如图 3-39 所示。"Sphere.ByCenterPointRadius"命令通过输入球体中心坐标和半径的数值创建球体，如图 3-40 所示。
　　在 Dynamo 软件中，曲面可以被视作由 u、v 两个方向的函数所定义的连续坐标点的集合。空间曲面以及二维平面统称 Surface。"Curve.Extrude"由曲线向某个方向延伸挤出曲面，如图 3-41 所示。"Surface.ByPatch"通

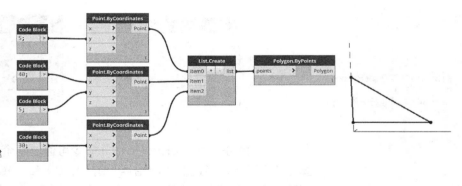

图 3-37 输入各点坐标创建
多边形

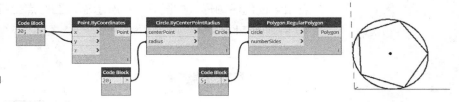

图 3-38 输入中心点坐标和
多边形边数创建多边形

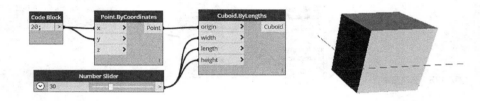

图 3-39 创建长方体

图 3-40 创建球体

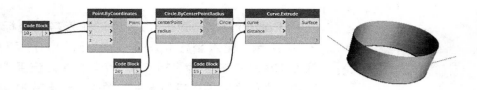

图 3-41 挤出曲线

过填充闭合曲线生成曲面,如图 3-42 所示。"Surface.Byloft"通过对多样条曲线按顺序放样生成曲面,如图 3-43 所示。与曲线一样,以上节点命令属于 PolySurface,而 "NurbsSurface.ByPoints"通过输入坐标点以及阶数 u 和 v 的值,生成通过所有的点的曲面,如图 3-44 所示。

第二类:数据编辑类(列表的创建与编辑、数学运算符与逻辑判定)

列表是 Dynamo 的重要概念,"List"是一系列元素的集合,可以包括数字、字符串、几何形体等,亦可是 Revit 中的图元和信息。

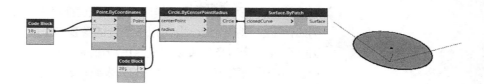

图 3-42　填充曲面

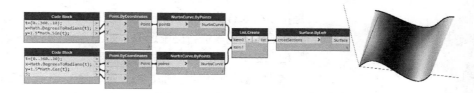

图 3-43　放样曲面

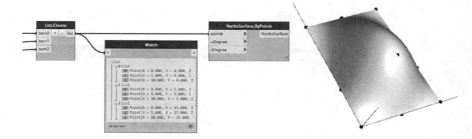

图 3-44　坐标点生成曲面

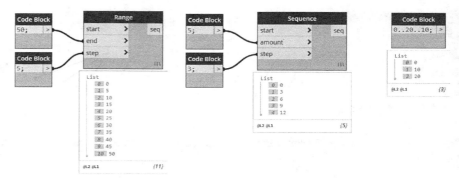

图 3-45　列表常用创建方法

　　如图 3-45 所示三种创建列表的节点"Range""Sequence""Code Block"。"List.Create"节点不仅适用于创建数字列表，也同样适用于其他任意类型列表，如图 3-46 所示。

　　Dynamo 中的所有列表均有顺序，列表中的第一项使用索引"0"表示，第二项使用索引"1"表示，以此类推。由于列表具有顺序特性，用户可以使

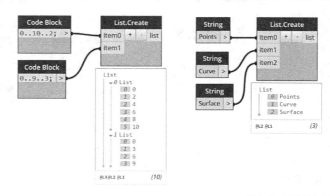

图 3-46　List.Create 创建列表

用相关节点对列表进行重新排序、提取或替换其中的某一项或某几项等操作。例如，"List.ShiftIndices" 可以按给定的数量向左或右移动；"List.Reverse"用于列表的翻转及列表按照逆序重新排序；"List.Transpose"用于列表的转置，多用于多级列表，一系列的列表编辑节点可在左侧菜单栏中进行选择。

列表的连缀属性，包含 "最短""最长""叉积" 三种，连缀属性的定义是将该列表作为输入项的节点，应用其中一种连缀方式，使列表中的项与其他输入的列表进行匹配运算。如图 3-47 分别为连缀状态 "最短""最长" 和 "叉积" 时进行运算的结果演示。

数学运算节点包括 "加、减、乘、除"，还包括三角函数、开方、幂函数、求最小值和最大值、取整、四舍五入等一系列运算，如图 3-48 所示，以三角函数的运算为例，展示部分基本的数学运算节点的用法。

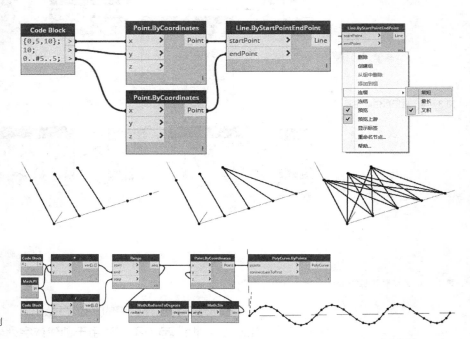

图 3-47 连缀属性演示

图 3-48 三角函数运算示例

在 "Logic" 中包含一系列条件语句节点，在数据筛选时起重要作用，例如图 3-49 所示，判定列表中的数据是否为偶数。图 3-50 示例了布尔运算 "And" 和 "Or"，图 3-51 中则示例了列表筛选的用法。

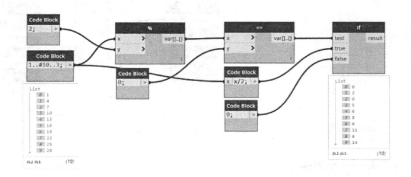

图 3-49 "If" 用法示例

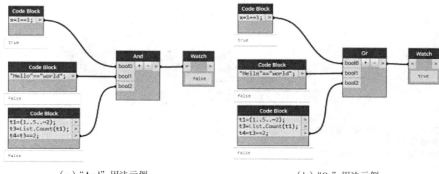

图 3-50 "And"　与"Or"
用法示例

（a）"And"用法示例　　　　　　　　　　　（b）"Or"用法示例

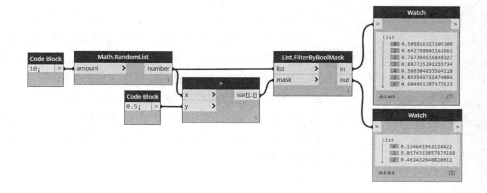

图 3-51　列表的筛选

3.3　参数化建模实例

3.3.1　Grasshopper 参数化建模实例

Grasshopper 参数化建模工具基于 Rhinoceros 建模平台，其参数化建模功能主要以几何形态的创建与编辑为主。本节将通过参数化建模实例解析，对基于 Grasshopper 工具的参数化建模技术流程进行讲解。

1）点干扰网格参数化建模实例

图 3-52 为点干扰网格效果模型，模型中全部体块均由二维矩阵网格经过转化生成。其整体生成逻辑为，首先基于初始网格进行全部单元的缩放，其缩放比例与距原点距离呈线性关系，距离越大缩放比例越接近于 1、距离越小缩放比例越接近于 0；而将缩放前单元网格与缩放后单元网格整合成平面；最终将网格平面向上沿不同高度挤出，挤出的高度参数是通过测量各自中心点与平面上一定点之间的距离决定的，距离越大，挤出高度越接近于 0；距离越小，挤出高度越接近于 3。

基于上述参数化建模逻辑，首先应创建基础平面网格。图 3-53 为基础平面网格的创建流程，其通过 Grasshopper 中的 Square 指令直接进行创建，将 x 轴网格数量设定为 12，y 轴网格数量设定为 20，于 xy 平面中进行基础网格的生成。

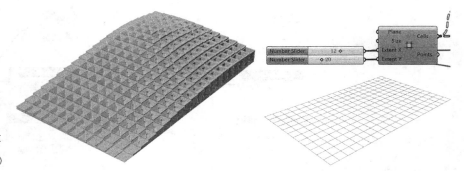

图 3-52　点干扰网格最终效
果模型（左）
图 3-53　基础网格的生成（右）

　　基于生成的基础网格，程序接下来对全部单元网格向内缩放。首先通过 Area 指令寻找全部网格单元的中心点作为缩放中心（图 3-54），进而构建与 x 轴网格数量相等项数的等差数列，将数列乘以固定参数 0.06 后作为缩放比例。在此需额外注意两项要点，第一项要点为自动生成的网格呈二维数据形式，其中根部数据沿 x 轴方向排布，每一组数据内部均含有 20 个网格，因此应构建与 x 轴列数对应的等差数列才能够使其正确缩放（图 3-55）。第二点为缩放比例参数的转换，自动生成的缩放比例为一维数据，需将其升至二维数据的形式与网格数据形式匹配，再输入指令内才能正确进行缩放操作。

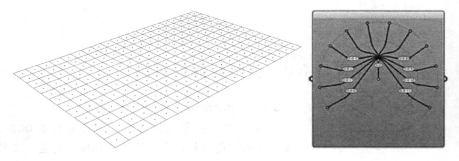

图 3-54　网格中心点（左）
图 3-55　网格数据结构（右）

　　类似地，在进行 x 轴方向的缩放操作后，我们要进行沿 y 轴方向的缩放操作。首先构建数量与 y 轴列数对应的等差数列并乘以固定系数，再进行升维变换作为缩放参数；但缩放的对象需在前文生成的缩放形态基础上变换其数据排布形式，利用 Flip Matrix 指令将二维数据的根部与顶部数据颠倒，使网格数据转化为 y 轴方向排布，如图 3-56 所示。进行变换后将其对应的中心点数据以及缩放参数数据输入即可得到 xy 方向共同作用下的缩放结果，整体过程如图 3-57 所示。

　　完成缩放变换后，程序继续将缩放前后的对应曲线合并生成平面形态。首先对缩放前后的网格数据进行降维操作，使其转化为一维数据组，再利用 Entwine 指令将两组数据合并为一组数据，进而通过 Flip Matrix 指令生成 240 组分别由两条曲线组成的数据集合，最终输入 Boundary Surface 模块，完成平面的创建（图 3-58）。

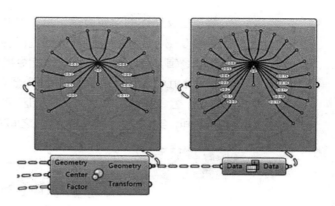

图 3-56　网格数据结构变换
前后对比

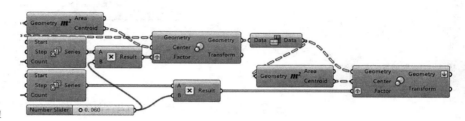

图 3-57　网格缩放整体流程

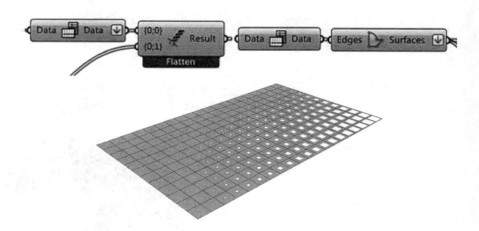

图 3-58　网格平面生成

　　完成平面生成工作后，将进行网格平面的挤出。首先在 xy 平面中构建一点，再利用 Distance 指令测量网格面中心点与其间距，如图 3-59 所示，此距离将作为挤出高度的原始参数。

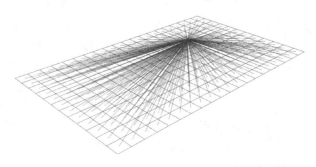

图 3-59　中心点与平面定点
的距离测量

基于上文所述的建模逻辑，曲面挤出高度与距离呈负相关，并且其参数范围为 0~3，因此须将距离数据进行映射转化。图 3-60 为参数映射转化的整体逻辑，首先利用 Bounds 指令提取现有距离参数的变化区间，再利用 Construct Domain 指令构建 3 至 0.01 的区间，最终利用 Remap Numbers 指令实现距离数据至目标区间的映射。程序通过构建由大至小的反向区间，实现了距离与挤出高度之间的负相关关系转换。

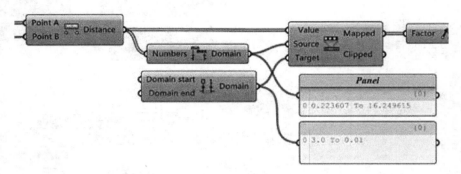

图 3-60　取值区间的映射转化逻辑

最终，设计者应用参数化建模程序，将高度参数与待挤出平面参数同时输入至 Extrude 指令中，实现建筑曲面形态的构建，并综合应用 Colour Swatch 模块与 Custom Display 模块进行建筑参数化模型的着色与呈现（图 3-61）。

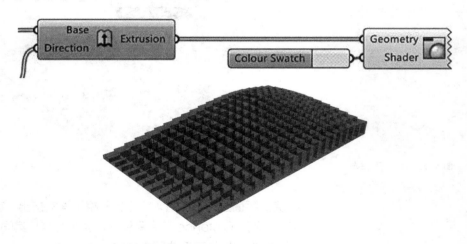

图 3-61　模型挤出与着色

2）双层异形构架参数化建模实例

双层异形构架的整体效果如图 3-62 所示，其整体建模逻辑如下。首先在 xy 轴平面建立椭圆形态，并将其向上复制五层；进而将六层椭圆按不同比例进行缩放，形成椭球断面线形态；之后将六条曲线沿相反方向细分两次，形成不同排列顺序的两组曲线点；最终将曲线点进行数据处理，沿特定数据耦合方式进行转化，形成多组多边形并放样曲面。

实现此参数化流程首先需建构多层基准椭圆，利用 Ellipse 指令指定长宽后即可生成单个椭圆，再通过建立等差数列作为向上移动的参数即可建立六层椭圆形态（图 3-63）。

图 3-62 双层异形构架形态

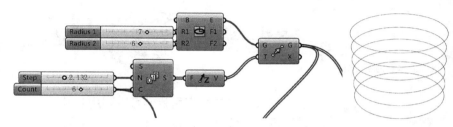

图 3-63 椭圆曲线的建立

　　建立标准椭圆后，需将其进行缩放操作。首先建立等差数列作为缩放参数的原始值，再通过 Graph Mapper 指令将等差数列转化为非线性分布的数列，并作为缩放比例参数输入 Scale 指令中，以此完成椭球形态曲线的建构（图 3-64）。

　　曲线建立完成意味着全部基础信息完成构建，接下来是实例中的核心部分，即曲线的细分与后处理（图 3-65）。程序首先利用 Divide Curve 指令将曲线划分为 35 段，提取 210 个内部点的区间参数并降为一维数组，再利用 Shift List 指令将数组复制 35 次；此次生成的数组重新被排序，从起初的第一条曲线的第 1 点开始排列，至第一条曲线的第 35 点，复制并生成 35 组共 7350 个数据。

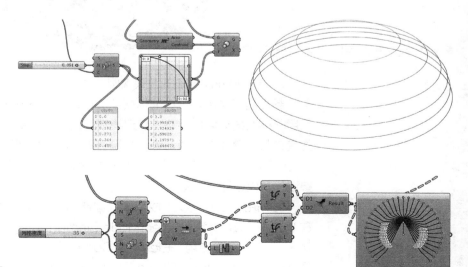

图 3-64 椭圆曲线的缩放

图 3-65 曲线的细分与后处理

此树形数据组首先作为参数直接输入至 Evaluate Curve 指令中，重新划分曲线，由于输入参数的树形数据结构，此次细分后建构的点数据形式是由逐层错动的 6 个点构成一小组，再由 35 组点构成整体数据，此组数据作为转换数据结构后的首轮输出。进而程序利用 Reverse List 指令将原输入数据反向排列，得到转换数据后的第二轮输出。将此二轮输出结果利用 Merge 指令进行整合，形成 12 个点为一组的 35 组数据。程序再将这 35 组数据作为输入端输入 Polygon 指令中，设定多边形边数为四，生成截面曲线。最终将上述界面利用 Loft 命令放样成面，形成双层构架形态，并利用 Custom Preview 指令定义形态显示样式（图 3-66）。

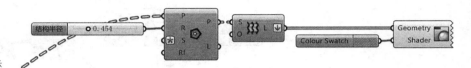

图 3-66 构架的生成与显示

在案例生成结束后我们可以利用 List Item 指令对构架形态的单元构件进行提取分析，如图 3-67。从图中可以看出，此双层构架是将曲线中两排沿不同方式提取的点合并后进行放样，其内层结构是由放样过程中第一排的终点与第二排的起点相连而形成的形态 [94]。

图 3-67 单一构架形态示意 [94]

3.3.2　Dynamo 参数化建模实例

超高层建筑因其城市地标属性，在建筑形态方面多标新立异，并广泛采用非标准建筑创作手法，其建模难度高、工作量大，而参数化建模方法凭借其数据管理与编辑优势，能显著提高超高层建筑建模效率，拓展超高层建筑形态创作可能性。以下将以"梦露大厦"为例 [95]，介绍超高层建筑参数化建模过程，如图 3-68。

首先由 Revit 建模生成两个椭圆作为整个大厦基础平面楼板的形状，在 Dynamo 中使用"SelectModelElement"节点拾取 Revit 文件中的两个椭圆，随后使用"Element.Curves"提取椭圆的外轮廓曲线，如图 3-69 所示。使用"Curve.ExtrudeAsSolid"节点沿 z 轴方向将曲线

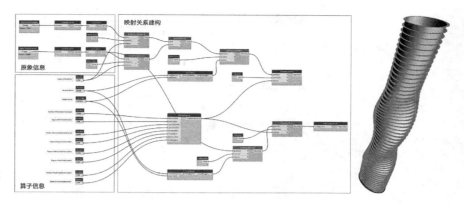

图 3-68　超高层建筑参数化建模实例[95]

挤出一定的厚度作为楼板，如图 3-70 所示。同样将相对较小的椭圆曲线沿 z 轴方向也挤出一个相同的厚度，使用"Solid.Difference"节点，将两个用椭圆挤出的形体进行差值选择，得到了由大椭圆形体剪切小椭圆形体形成的椭圆形环，如图 3-71 所示。使用"Geometry.Translate"节点将之前建立的椭圆形圆环按指定的方向和一定的距离进行复制，通过"Code.Block"来定义这个等差数列，如图 3-72 所示，建立了一个层高为 3.5m 的 56 层"大厦"。

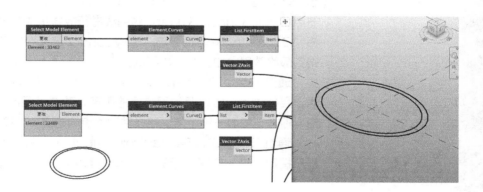

图 3-69　拾取楼板轮廓线

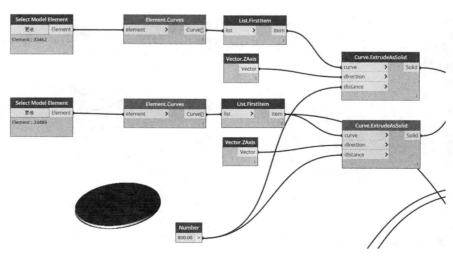

图 3-70　挤出曲线

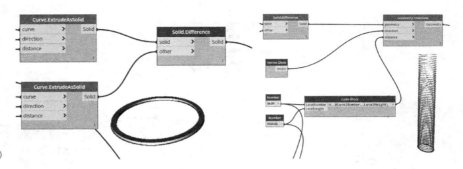

图 3-71 创建圆环（左）
图 3-72 建立各层楼板（右）

　　最后需要考虑对于"大厦"的"扭曲"，使用"Geometry.Rotate"命令节点使"大厦"的每一层按照一定的规律进行旋转，以达到最终需要的效果。首先定义"BasePlane"基础平面在 xy 平面上；接下来进行"Degrees"角度的定义，通过"TwistedDegree"节点定义一组数列控制楼层的旋转角度，如图 3-73 所示。定义 1~10 层每层旋转 1 度，11~40 层每层旋转 9 度，40~50 层每层旋转 3 度，51~56 层每层转 1 度，效果如图 3-74 所示。通过定义不同的层数与角度可以实现预期效果。

　　建筑表皮的生成通过节点"Geometry.Translate"选择内部较小的椭圆曲线按照之前定义的层高与层数沿 z 轴方向进行复制，如图 3-75 所示。之后对曲线进行与楼板相同规律的旋转，如图 3-76 所示。最后使用节点"PolySurface.ByLoft"对曲线进行放样生成表皮，如图 3-77 所示。将"Geometry.Rotate"与"PolySurface.ByLoft"节点打开预览，运行得到最终效果，如图 3-78 所示。

　　通过节点"Number.Sequence"建立一维数组，定义起始点坐标，通过目标轴网个数以及轴网之间的距离，建立轴网起始点。通过在起始点沿 y 轴方向增加一段距离，完成轴网终点的建立，如图 3-79 所示。

　　通过节点"Grid.ByStartPointEndPoint"创建轴网，在节点输入端程序接口，输入轴网坐标的起始点和终点信息，运行后在 Revit 中获得所

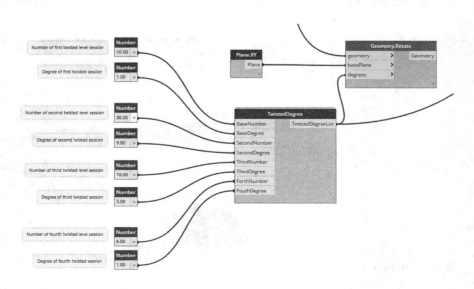

图 3-73 旋转楼板

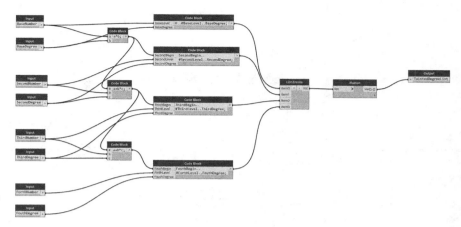

图 3-74 "TwistedDegree" 的编辑

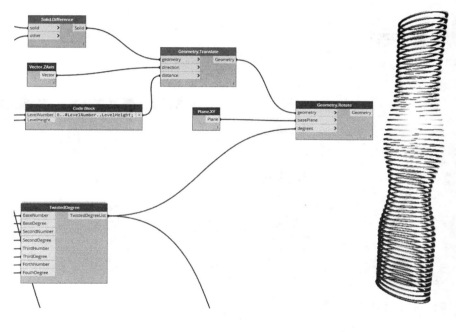

图 3-75 节点运行后展示

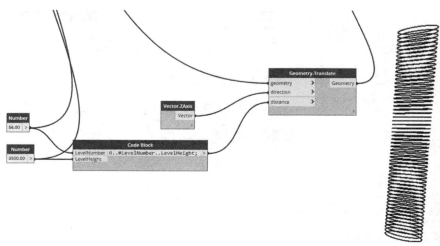

图 3-76 复制放样所需曲线

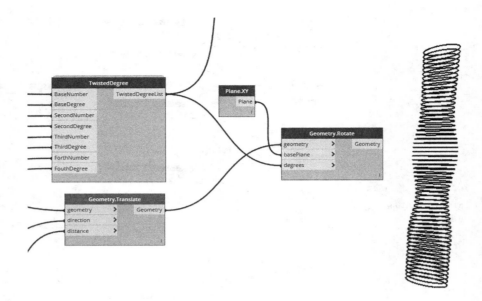

图 3-77 曲线旋转

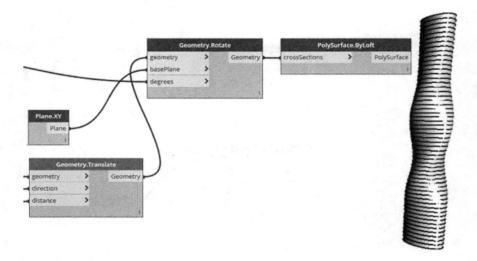

图 3-78 生成建筑表皮

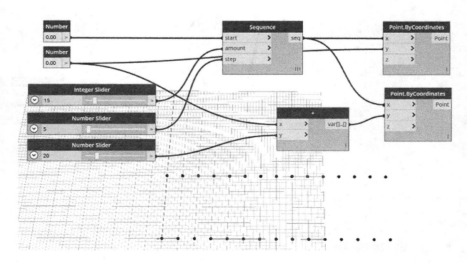

图 3-79 轴线端点的建立

要建立的建筑模型轴网，如图 3-80 所示。

　　轴网标号的更改，同样通过一维数组"Number.Sequence"的建立，设定起始点为 1、间距为 1 的数组，代表 1~8 的轴网编号，然后将数组型数列通过"StringFromObject"转换为字符型的数列，如图 3-81 所示。通过 Dynamo 修改 Revit 内元素的参数值，使用节点"Element.SetParameterByName"来修改 Revit 内轴网的节点名称如图 3-82 所示，最终完成轴网建立。

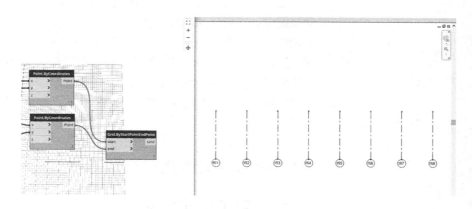

图 3-80　轴网的建立

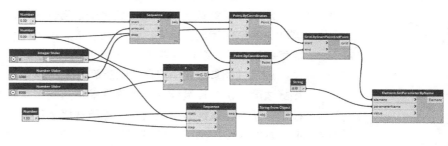

图 3-81　轴网标号的设定

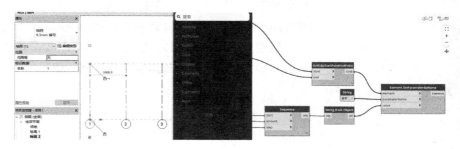

图 3-82　轴网标号的修改

第4章 建筑性能参数化模拟

面向建筑节能设计、自然采光、自然通风、室外风环境、室内热舒适模拟需求，本章从建筑性能参数化模拟定义、流程和技术优势三方面阐释了建筑性能参数化模拟方法，介绍了建筑性能参数化模拟中的建筑模型精细化策略、能耗参数化模拟策略、自然采光参数化模拟策略、CFD 建筑环境参数化模拟策略，解析了能耗、自然采光、CFD 参数化模拟工具，并结合实例系统说明了建筑性能参数化模拟方法、策略和工具的实践应用情况。

4.1 建筑性能参数化模拟方法

4.1.1 建筑性能参数化模拟定义

建筑性能参数化模拟是参数化编程与性能模拟技术的有机融合，是建筑产业信息化转型背景下，建筑性能仿真技术体系的智能化革新，也是建筑参数化设计体系在性能仿真领域的拓展和延伸。

建筑性能参数化模拟需面向建筑日照、自然采光、通风、围护结构传热、热舒适度评价、建筑能耗分析等性能仿真问题求解需求，应用参数化编程技术，整合建筑性能模拟工具与建筑环境信息模型，展开建筑性能仿真模拟，并能对模拟结果进行可视化分析。近年来，越来越多的学者开始研究如何基于性能反馈制定建筑形态空间、材料构造和设备运行维护设计决策，使性能驱动设计思维在方案创作阶段融入建筑参数化设计过程[96]。

既有建筑性能模拟方法（图 4-1）需要设计者在不同的工具平台间转换，导致了建筑性能模拟学习成本高、信息易丢失、工作效率低下等问

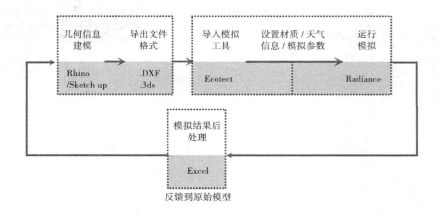

图 4-1　既有建筑性能模拟方法（以采光为例）[96]

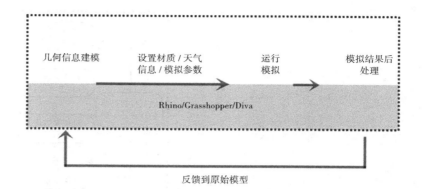

几何信息建模　　设置材质/天气　　运行　　　模拟结果后
　　　　　　　　信息/模拟参数　　模拟　　　处理

Rhino/Grasshopper/Diva

反馈到原始模型

图 4-2　建筑性能参数化模拟
方法（以采光为例）[96]

题。建筑性能参数化模拟方法，可以让使用者在参数化集成平台调用多性能仿真模拟引擎，自适应调整仿真模拟参数，从而降低学习成本，提高学习效率（图 4-2）。

4.1.2　建筑性能参数化模拟流程

建筑性能参数化模拟可提高设计效率并对设计方案的可行性进行预判，其首先展开建筑性能参数化模拟模型建构，进一步设置建筑性能参数化模拟所需的边界条件等相关参数，随后展开建筑性能参数化模拟计算，并将计算结果反馈回参数化设计平台进行可视化分析（图 4-3）。

1）性能参数化模拟模型建构

性能参数化模拟模型建构中，设计者需首先明确性能模拟问题，明晰性能参数化模拟需计算的具体指标，了解掌握性能参数化模拟计算理论模型与数学原理；同时，设计者还需根据模拟工作服务的设计阶段，如方案创作阶段、扩大初步设计阶段和施工图设计阶段等，确立性能参数化模拟模型建构的精细度，模型精细度越高，其模拟计算的精度越优，但建模时间和性能仿真计算耗时也越长，所以建筑性能参数化模拟中的模型精细度并非越高越好，而应根据服务的设计阶段合理设定。

2）性能参数化模拟参数设置

性能参数化模拟参数包括边界条件参数、模拟引擎计算参数等，其设置过程需结合模拟工作服务的设计阶段合理设置，以求得模拟精度与效率的平衡。如建筑自然采光性能参数化模拟中，若性能模拟旨在服务方案创作阶段，其模拟计算引擎的反射次数宜设置为较低数值，以便高效率地对多方案进行自然采光性能比较[97]。

3）性能参数化模拟计算

性能参数化模拟计算过程，多由建筑性能模拟计算引擎自动执行，设计者需关注模拟计算过程中各阶段完成情况反馈信息，以便更好地理解建筑性能参数化模拟计算结果。模拟耗时受模型精细度、模拟参数设置、场景复杂程度等多因素影响。

4）数据反馈与可视化分析

性能参数化模拟可将模拟数据列表反馈至参数化设计平台，进行数据管理、编辑与可视化分析。反馈的数据能以时间维度进行数据列表，如逐

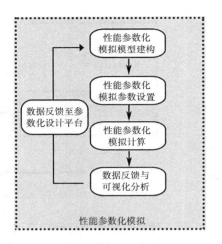

图 4-3　建筑性能参数化模拟
流程[98]

时建筑围护结构传热量、逐时建筑室内温湿度水平；也能以空间维度进行数据列表，如室内工作面逐点照度分布、室外空间逐点风速与风向。参数化设计平台可基于性能参数化模拟反馈的数据列表，通过二维与三维绘图、伪彩图渲染等方式展开建筑性能可视化分析，为设计者提供更加直观的决策支持[98]。

4.1.3　参数化技术优势

既有建筑性能模拟工作流程多需要大量人工操作步骤，并在多性能模拟分析软件间进行数据交互，其需在建模平台中建立建筑空间形态模型，然后导出为建筑性能模拟工具可识别、可读取的数据格式文件；随后启动建筑性能模拟工具，导入前述步骤导出的文件；进一步，在建筑性能模拟工具中设置建筑围护结构的材料、构造参数，导入局地气候数据库，设定模拟计算引擎工作参数，才可进行性能模拟计算；根据性能模拟分析图表，主观判定建筑设计决策。

相比既有建筑性能模拟工作流程，参数化模拟具有以下优势：

1）模拟精度高

参数化模拟可实现多模拟分析工具的数据集成管理与协同编辑，避免了多模拟工具间数据交互过程可能出现的错误，提高了模拟精度。如在进行建筑能耗参数化模拟时，通过对建筑形态空间、材料构造、设备运行维护、局地气候、热平衡计算参数等数据的集成管理与协同编辑，避免了 Revit 等建筑信息建模工具与 EnergyPlus、Designbuilder、DeST 等建筑能耗模拟工具，以及 Weather Tool 等建筑局地气候数据管理工具间的频繁数据交互，显著提高了模拟精度。

2）模拟效率高

建筑性能模拟分析中，模拟模型需集成建筑形态空间、材料构造、设备运行维护等多类型数据，其建模工作量大、耗时长，极大地制约了建筑性能模拟分析效率的提升。参数化模拟工具基于建筑多类型参量之间的参数化关联关系，展开性能参数化模拟模型建构，显著降低了模拟模型建构耗时，有效提高了建筑性能模拟分析效率。

3）学习成本低

参数化模拟过程可依托图形界面开发程度高、可视化编程逻辑清晰的参数化设计平台，展开建筑多性能参数化模拟。设计者在应用参数化模拟方法时，不需要对多类型建筑性能模拟工具进行直接操作，可通过参数化设计平台调用上述模拟工具，这样就显著减少了设计者在建筑性能模拟过程中需学习的软件工具平台数量，大幅降低学习成本。

4.2　建筑性能参数化模拟策略

4.2.1　建筑模型精细化策略

在性能参数化模拟模型建构时，模型建构精细度（LOD，Level of Detail）对性能模拟效率具有显著影响，是性能参数化模拟模型建构前需明确的关键指标。LOD 可划分为以下五个等级，分别为概念化精细度的 LOD100、近似构件精细度的 LOD200、精确构件精细度的 LOD300、加工构件精细度的 LOD400、竣工构件精细度的 LOD500。其与建筑设计各阶段的对应关系如下：

1）概念化精细度——方案设计阶段

概念化精细度主要面向方案设计阶段，旨在快速、高效地呈现建筑形态、空间特征（图 4-4），其在建筑能耗模拟、日照辐射得热模拟方面均有广泛应用，是方案创作阶段经常采用的建模精细度。

2）近似构件精细度——方案扩初阶段

近似构件精细度主要面向建筑方案扩初阶段，旨在基于初步确定的建筑形态、空间设计方案雏形，进一步细化建筑围护结构，融入建筑材料、构造相关数据（图 4-5），其在建筑自然采光模拟分析、自然通风模拟分析中有着广泛应用。

3）精确构件精细度——施工图阶段

精确构件精细度主要面向施工图阶段，旨在为建筑设计团队与建筑施工团队的技术交接提供数据支持。这一精细度的模型已经包括了建筑形态空间、材料构造、设备运行维护等各方面信息（图 4-6），已达到指导建筑

LOD100——Conceptual　　　　　　　LOD200——Approximate geometry

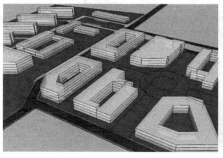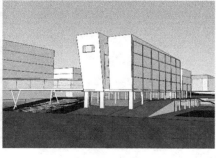

图 4-4　方案设计阶段精细度
模型（左）
图 4-5　方案扩初阶段精细度
模型（右）

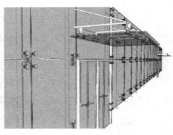

LOD300——Precise Geometry

LOD400——Fabrication

图 4-6 施工图设计阶段精细度模型（左）

图 4-7 数控建造阶段精细度模型（右）

施工过程的水平，其在工程造价计算、设备管线碰撞检查、建筑全生命周期碳排放预测等方面均有广泛应用。

4）加工构件精细度——数控建造阶段

加工构件精细度主要面向建筑围护结构构件的数控加工与制造需求，旨在通过详细记录建筑围护构件材料类型、强度要求、结构性能、装配位置等参数（图 4-7），指导 CNC、机械臂等数控加工制造设备对建筑围护结构构件进行加工与制造，其在水暖电系统加工和安装等方面有着广泛应用。承包商和制造商多基于参考这一阶段的模型展开工作。

5）竣工构件精细度——建成运维阶段

竣工构件精细度主要面向建成环境的长期运行与维护需求，是建筑环境信息管理的组成部分。该阶段的模型信息涵盖各构件的完整参数信息，如电气系统构件需标识出使用年限、保修年限、维护频率、维保单位等维护信息[99]，已达到精细度的最高等级（图 4-8）。

性能参数化模拟模型的精细度会对模拟结果产生显著影响[99]。性能参数化模拟模型建构精细度越高，建筑性能模拟分析结果越准确，但也会因模型精细度的要求消耗更多的建模及模拟计算时间。

因此，性能参数化模拟模型精细度需按照建筑性能模拟问题，结合性能参数化模拟需计算的具体指标来确定。不同的建筑性能模拟分析问题决定了性能参数化模拟模型建构的精细度。

LOD500——As-built

图 4-8 建成运维阶段精细度模型[99]

4.2.2　建筑能耗参数化模拟策略

狭义的建筑能耗是指维持建筑功能运行所需的能源，通常意义上包括采暖制冷能耗、生活热水供应能耗、电梯动力能耗、厨卫设备能耗、照明以及办公设备能耗等；上述各项能耗占比也因建筑类型、局地气候和运行工况等因素而存在较大差别，但通常以建筑采暖与制冷能耗所占比重较大[100]。建筑能耗参数化模拟也遵循由建筑性能参数化模拟模型建构，到建筑性能参数化模拟参数设置，再到建筑性能参数化模拟计算，以及模拟结果反馈和可视化分析的过程。本节将通过对建筑能耗参数化模拟数学模型、模拟参数设置的解析，阐释建筑能耗参数化模拟策略。

建筑能耗参数化模拟数学模型包括基于反应系数法的传热计算模型、基于热平衡法的热负荷计算模型和基于状态空间法的传热计算模型。本节将依次对上述数学模型进行介绍。反应系数法由史蒂芬森（D. G. Stephenson）等人于 1970 年提出，在基于反应系数法的传热计算模型中，建筑围护结构被视作为热力系统。该模型以传热反应系数来描述建筑围护结构的热力学特性，并将建筑室外日照辐射、风环境等外扰作为随机变量，以周期函数或三角脉冲方式予以考虑[101]。反应系数法应用三角波表示温度外扰，对围护结构内外表面温度和热流，应用拉普拉斯矩阵变换、傅立叶变换、Z 变换等方法求解其对单位三角波温度扰量的反应，得到围护结构内外表面的吸放热系数。通过将室外温度波变换为三角波，并利用微分方程叠加原理求得任意时刻围护结构的温度变化和热流变化。反应系数法适用于需要计算表面温度，且计算途径较简单的情况。在求解传热方程时，采用反应系数法应注意时间和空间的连续性。

热平衡法基于建筑传热过程中的能量守恒原理，其计算精度高，广泛应用于 BLAST、EnergyPlus 等建筑能耗模拟分析工具中。利用热平衡法计算冷热负荷时，能量平衡方程需考虑传导换热、对流换热、辐射换热、蒸发换热等多种建筑与环境之间的传热传质过程；同时，该方法考虑了模拟模型中的所有传热面，当计算全年 8760 小时传热传质过程时，计算耗时较长。

状态空间法是建立在状态变量描述基础上的控制系统分析方法，其以状态变量描述系统运动。当系统外输入已知时，可由变量现时值来确定系统在未来各时刻的运动状态。状态空间法通过状态变量描述建立了系统内部状态变量与外部输入变量和输出变量之间的关系。在建筑能耗模拟分析中，状态空间法同样基于建筑热平衡原理展开建筑围护结构传热计算，其被应用于建筑能耗模拟分析工具 DeST 中，用来计算建筑围护结构传热。

建筑能耗参数化模拟参数设置包括建筑与环境边界条件参数设置、模拟计算引擎参数设置。环境边界条件主要包括室外气象参数、室内外自然通风量和室内扰量参数。室外气象参数描述建筑室外湿热环境，包括室外空气干球温度、空气湿度、太阳辐射强度等参数；室内外自然通风量是在热压与风压作用下，进入建筑门窗开口的室外空气流量；室内扰量参数是指建筑室内热湿源的产热、产湿量，主要来源包括室内人员、灯光、设备等。

建筑边界条件主要包括建筑热湿控制参数、采暖制冷系统状态参数和控制策略参数。建筑热湿控制参数具体包括采暖、空调设备预设温湿度参数，其随时间变化，且存在空间分布差异，应按照建筑实际空调设定温湿度控制情况或要求进行设定。

暖通空调系统设备开关状态参数描述了建筑采暖与制冷设备的开关作息规律，该参数随时间可变，可按建筑实际使用要求或设计要求进行设定。对于不同时刻、不同设备的开关状态设置要与实际情况或待模拟工况一致，以保证参数描述的准确性。

采暖制冷系统的控制策略和控制参数类型繁多，如空调系统新风控制策略、风机变频策略，冷机和水泵控制策略、水泵变频策略、冷机出水温度设定值、AHU送风温度设定值、定静压变频风机的定压点设定值、定压差变频水泵的控制压差设定值等。这些参数随时间波动变化，在建筑能耗参数化模拟分析中，需按照建筑采暖制冷系统实际运行要求进行设定。

建筑能耗参数化模拟计算引擎参数是控制、引导模拟分析计算引擎运行过程的参数，如依据建筑各功能房间运行温度差异、建筑使用者用能行为特征设定的建筑热区参数，其通过限定模拟计算中的热区位置和尺度，影响着建筑性能参数化模拟计算引擎的运算过程。需要强调的是，模拟计算引擎参数的设定并非是千篇一律的，而是结合建筑实际功能、运行工况而动态变化的。不同功能房间的供暖系统运行时间表、供暖空调室内时间设定、照明功率密度值、照明开关时间、人均占有建筑面积、房间人员逐时在室率、人均新风量、新风运行情况、房间电气设备功率密度、电气逐时使用率等都存在较大差异。设计者可依据建筑各采暖与制冷区域的功能及运行工况差异，进行参数设定。而这种差异性设定，不只是对建筑系统和模拟计算引擎特征的回应，还是对建筑使用者作息规律和使用需求的回应。比如对居住建筑展开建筑能耗参数化模拟分析时，卧室和客厅在热区相关参数设定中，就会由于使用者活动不同而呈现出鲜明的差异，需要独立分区、分别计算。对于同种功能，多个房间或区域的能耗也有较大差异，也需根据客观因素进行热区划分。建筑单体中，同种功能多个房间或区域也存在建筑材料导热系数、外墙构造、供暖空调室内时间设定、人均占有建筑面积、房间人员逐时在室率、新风运行情况、电气设备功率密度、电气逐时使用率差异，也应将其划分为多个热区进行模拟。同时，建筑热区划分也应考虑模拟分析精度要求。在较高的模拟分析精度要求下，其建筑热区划分也需更细致。

4.2.3　建筑自然采光性能参数化模拟策略

本节将从自然采光参数化模拟数学模型和模拟计算参数设定两方面阐述建筑自然采光性能参数化模拟策略。

在模拟数学模型方面，建筑自然采光性能参数化模拟采用的是光线追踪法。该算法由计算点向光源进行反向光线追踪，经过有限次数的反射追踪后，回溯至光源进行计算，通过只计算可见点的辐亮度，可大幅降低计算量，其数学模型如公式（4-1）：

$$L_v(\psi_r\Omega_r) = L_e(\psi_r\Omega_r) + \int_0^{2\pi}\int_0^{\pi} L_i(\psi_i\Omega_i)f_r(\psi_i\Omega_i;\psi_r\Omega_r)\left|\cos\psi_i\right|\sin\psi_i\mathrm{d}\psi_i\mathrm{d}\Omega_i \quad (4\text{-}1)$$

其中：ψ 为测量表面的极角（度）；

Ω 为测量表面的方位角（度）；

L_e（ψ_e，Ω_e）为出射的亮度或辐亮度（cd/m^2 或 $W/sr \cdot m^2$）；

L_r（ψ_r，Ω_r）为反射的亮度或辐亮度（cd/m^2 或 $W/sr \cdot m^2$）；

L_i（ψ_i，Ω_i）为光源的亮度或辐亮度（cd/m^2 或 $W/sr \cdot m^2$）；

f_r（ψ_i，Ω_i；ψ_r，Ω_r）为双向分布曲线函数（sr^{-1}）。

光线追踪法广泛应用于 Radiance 等自然采光计算引擎中，通过对间接照明计算点的求解，以及对受光表面计算结果的缓存和插值，来仿真建筑室内自然采光水平，并通过调整自然采光计算点密度来适应不同环境，从而平衡天然采光计算精度和效率。

在模拟计算参数设定方面，设计者在自然采光参数化模拟中需相继设定环境、建筑和计算引擎控制参数。在环境参数设定中，设计者需合理设定天空模型、时间表等参数。不同于人工照明模拟计算通过配光曲线来定义光源的方式，自然采光模拟多通过建立天空模型来定义[102]（图 4-9）。模拟计算中的建筑自然采光性能与其所处地域的光气候密切相关，模拟分析中设计者需选择合适的天空模型来描述光源特性，以此来描述被模拟建筑所处地域的真实天空亮度分布情况和太阳位置。

2004 年国际照明委员会（CIE）结合不同国家和地区的光气候数据，提出了 15 种不同天空亮度分布的 CIE 标准天空模型，涵盖了全球绝大多数可能出现的天空状态。但也有部分地区的天空亮度分布无法用 CIE 标准天空模型描述，如在马来西亚展开的一些建筑光环境研究就曾指出当地天空亮度分布常处于"intermediate"状态，与 CIE 提出的标准天空模型差异较大，倾向于利用缩尺模型在真实室外环境下进行光环境分析[103]。

CIE 标准天空模型所描述的是特定时刻的天空状态。由于太阳位置和天空亮度分布是随时间波动变化的，基于 CIE 标准天空模型展开的建筑自然采光性能参数化模拟在精度上是存在瓶颈和局限的。针对上述问题，有

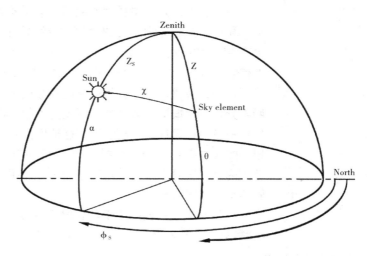

图 4-9　天空模型示意图[102]

学者基于实测数据，提出了考虑气候波动特征和局地气候差异的 Perez 天空模型（The Perez all weather sky luminance model），其能够综合计算全年阴天、晴天和多云天空等各种天空条件下直射光、漫射光及地面反射光对室内天然采光的影响。Perez 天空模型由 Perez 亮度效能模型（The Perez luminousefficacy model）和 Perez 天空亮度分布模型（The Perez sky luminous distribution model）组成。相较于 CIE 全阴天天空模型，Perez 天空因考虑了云量等因素造成的天空明暗差异，在模拟精度上更具优势。

天空模型选择需综合考虑建筑自然采光性能参数化模拟目标，根据拟计算的建筑光环境评价指标展开模拟，不同的建筑光环境评价指标具有不同的时长特征。在静态自然采光性能参数化模拟中常用采光系数（DF，Daylight Factor）作为光环境评价指标，其定义为全阴天空漫射光照射下，室内给定平面上的某一点由天空漫射光所产生的照度与同一时间、同一地点，在室外无遮挡水平面上由天空漫射光所产生照度的比值[104]。当以采光系数作为建筑自然采光评价指标进行自然采光模拟计算时，宜选择 CIE 标准全阴天天空模型。

对于采用 DA、UDI 等动态自然采光评价指标的建筑自然采光性能参数化模拟，设计者需考虑引入气象数据进行采光模拟。既有气候文件中，以 *.epw 格式的典型气象年数据应用最为广泛。该气象年数据包括了步长为 1h 的温度、风向、风速、降雨量及直射太阳辐射数据，包含全球 600 多座城市的典型气象年数据。*.epw 格式典型气象年数据也逐渐成为通用气候数据交换格式，是动态自然采光指标模拟分析问题中太阳辐射数据的可靠来源。

除天空模型外，建筑围护结构的光学属性特征对自然采光性能参数化模拟精度也有显著影响。在不同的光环境模拟软件中，材质属性的表示形式和设置方式不尽一致，但通常都包括镜面度、反射率和透射率等参数[105]。结合到建筑围护结构构件，则可表述为顶棚反射比 R_c、墙面反射比 R_w、地面反射比 R_g、桌面和工作台面及设备表面反射比、窗总透射比 r，如图 4-10。

需要强调的是，材质属性数值也与材质类型、颜色、表面光滑程度相关。同一建筑组成部分，当选用光学反射透射性能不同或颜色不同的材料时，会产生较大的数值差异。例如，办公室地面反射比 R_g 通常在 0.2~0.5 之间，但有部分材料如白色水磨石、白色大理石的反射比分别能达到 0.7 和 0.6[105]。

建筑采光性能模拟计算引擎的参数设定主要包括模拟参数和网格设置两部分，其中模拟参数通常包括视觉参数、定位参数和计算参数三类。视觉模拟参数设置在建筑自然采光性能模拟中主要用于控制亮度图像模拟效果，如通过模拟人在建筑中某一位置电脑前工作时，视野（Field of View）范围内光亮度分布来评价建筑室内眩光水平，需输入视点位置、方向、视野和焦距等视角参数。

定位参数则主要应用于建立建筑中某一点或多点与评价指标数值分布的联系。计算点的位置、计算网格尺寸、位置和方向都是定位参数。计算

表面名称	反射比
顶棚	0.60~0.90
墙面	0.30~0.80
地面	0.10~0.50
桌面、工作台面、设备表面	0.20~0.60

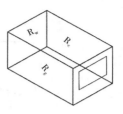

图 4-10 常见反射比及对应建筑位置[106]

引擎控制参数包括 -av、-ab、-aa、-ar、-ad、-as 等，其中 -av 代表环境数值为 RGB 的辐亮度（Red Green Blue）；-ab 代表环境中的漫反射光线次数；-aa 代表环境精确度，该参数决定了插值计算中的错误百分比；-ar 代表环境采样率，参数决定了插值和采样计算中环境数值的最大密度；-ad 代表环境分样值；-as 代表环境超采样的数值，通常应用于光线变化较为剧烈的环境细分点上。计算引擎控制参数对于建筑自然采光性能参数化模拟精度和效率都有着重要影响。设计者需综合模拟目标和工况进行上述参数设定，以有效平衡建筑自然采光性能参数化模拟精度和效率。

4.2.4　CFD 建筑环境模拟策略

CFD（Computational Fluid Dynamics）是计算流体动力学的简称，是伴随着计算机技术和数值计算技术发展起来的计算机流体仿真模拟技术，其广泛应用于建筑室内外风环境和人群疏散仿真模拟中。本小节将从 CFD 建筑环境模拟的计算模型、网格生成和边界条件设定三部分展开介绍。

1）湍流基本模型及其应用

既有 CFD 建筑环境模拟多基于湍流模型展开。湍流模型是一种半经验的数学模型。

设计者为建立湍流模型，首先需基于实验观察来假设在平均流中粘性应力和雷诺应力（雷诺数 $Re=\rho UL/\mu$）的作用存在类比关系，同时依据牛顿粘性定律指出粘性应力正比于流体微元的应变（变形）率，见式（4-2），即对于不可压缩流体：

$$\tau_{i,j} = \mu(\frac{\partial u_i}{\partial x_j} + \frac{\partial u_j}{\partial x_i}) \qquad （4-2）$$

式中：$\tau_{i,j}$ 为粘性应力；

　　　μ 为动力粘度；

　　　u_i 为 x_i 方向上（$i \neq j$）的速度分量（u，v，w）；

　　　u_j 为 x_j 方向上（$i \neq j$）的速度分量（u，v，w）。

2）计算网格与网格生成

在 CFD 建筑环境仿真模拟过程中，设计者通常需要先选择合适的数学模型，再利用数值算法进行 CFD 问题求解，并将 CFD 仿真模拟结果可视化处理。在求解过程中通常采用有限差分方法将研究对象分割成许多网格区域，以各网格的交点或网格中心为节点，带入边界条件并载入初始条件进行求解。因此，网格划分对于 CFD 风环境模拟计算的收敛性和精度具有显著影响[107]。

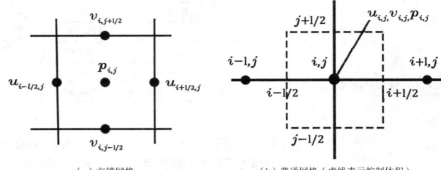

图 4-11　CFD 计算用网格 [108]　　　　　　　　　（a）交错网格　　　　　　　　　　（b）普通网格（虚线表示控制体积）

CFD 计算常采用交错网格（Staggered Gird）与同位网格（Collocated Gird）进行计算。交错网格可有效解决压力空间震荡问题。在交错网格中，将温度、压力、湍动能量这些标量变量定义在控制体积的中心点上，而把速度等矢量变量定义在控制体积的边界上，如图 4-11（a）所示。

同位网格中，所有类型的变量都被定义在控制体积的中心点上，即网格交点，如图 4-11（b）。与交错网格相比，同位网格更易于向曲线坐标系和复合网格扩展，且在解析结果时，同位网格更易于被理解。事实上，同位网格结合了交错网格的特性，采用这种网格配置时，为修正压力的空间震荡问题，一般在控制体积的中心定义速度时，将速度的变量同样加入在控制体系的边界面上，使改进后的同位网格也能够符合连续方程压力求解的要求。

在 CFD 生成计算网格时，最常用的方法是用正方形或长方形来生成。CFD 网格生成要着重考虑送风口、排风口、物体转折处和角部等流场变化幅度较大的区域。为了减小误差，最好在这些部位使用比较细的网格。这一方法被称为复合网格（局部网格），在进行风环境模拟时，将建筑物近处的网格分细，并与风向变化相对应，以便控制计算量，提高解析精度。

3）边界条件设置

边界条件包括固体壁面边界条件及假想边界的设定，如入口（流入）条件、出口（流出）条件、自由空间等边界条件。同时，建筑室内外的 CFD 建筑环境模拟参数设定也是不同的，本节还将分别介绍 CFD 室外风环境模拟的设定及 CFD 室内热环境模拟的设定。

（1）壁面边界条件

CFD 壁面边界条件设定中，设计者需要利用壁面剪切应力 τ_w 或 τ_w 所需的速度梯度，来求解 N-S 方程扩散项。可以分为无滑移条件（线性法则）、自由滑移条件、壁函数三个方面阐述。无滑移条件边界条件与实际的物理现象相对应，一般用于单纯流场的高精度解析，但其壁面附近网格划分较细，不适于复杂形体的 CFD 模拟。自由滑移条件是指在壁面处，沿着壁面的速度在垂直方向梯度上为 0，壁面的剪切应力也为 0，但其很少应用。壁函数在壁面与第一网格之间进行联系，可弥补无滑移条件不能使用的工况。

（2）入口（流入）边界条件

实际应用中，需根据 CFD 风环境模拟计算问题特征来进行边界设定。应用 CFD 技术展开建筑风环境模拟时，设计者需在城市空间内选取一定区域设定界面，并在边界上设定入口和出口，以及相关边界条件。

在设定入口边界条件时，设计者多基于实测数据进行设定。当采用 LES 进行非稳态计算时，就需要给入口边界赋予动态数值，需要采用数值解析方法来再现流入的变动风。主要有以下两种方法：一种为提前通过其他计算方法生成湍流场中的变动风[109]；另一种是规定满足湍流特性，如湍流强度、长度和尺度等的能谱，并将该能谱通过傅立叶逆变换生成人工变动风。

（3）出口（流出）边界条件

出口边界条件分为速度边界条件和压力边界条件。但压力边界条件不够稳定，实际应用中常采用速度边界条件。

（4）自由空间的边界条件

自由空间多以边界面法线方向梯度为 0 作为边界条件，即自由流出条件。但当存在很多自由空间边界时，都采用法线方向梯度为 0 的边界条件易使计算变得不够稳定。为使计算更加稳定，常将其转化为直接型边界条件，并将与边界面垂直速度分量设为 0，把其他速度分量设为以 0 为梯度的对称壁条件。

当应用 CFD 技术分析建筑室内热环境时，设计者需设定湍流模型、风口边界条件、围护结构边界条件以及室内热源边界条件。湍流模型多采用 RNG k-ε 模型，其对快应变流动与旋涡流动的计算精度较高，当模拟精度要求不高时也可选用零方程模型；风口边界条件一般结合射流状态、风口尺寸与房间尺寸、出口方向均匀性等因素选取基本模型、动量模型、盒子模型、指定速度模型、主流区模型或多元三通量风口模型；壁面速度边界条件设定方面，对于粘性流体，一般采用粘附条件；壁面温度边界条件常分为透光围护结构与不透光围护结构两种。室内热源一般分为人体热源与照明热源两种，人体热源一般直接简化为 1.5m 高的体热源，照明热源则依据对流与辐射的比例分开考虑，对流部分可以在照明设备位置设定立体热源，热源强度为总热量的对流部分；辐射部分可以在各个室内表面建立面热源，热源强度为总热量的辐射部分在各表面的分配量[108]。

4.3 建筑性能参数化模拟工具

4.3.1 建筑能耗参数化模拟工具

建筑能耗模拟工具为建筑运行能耗分析奠定了技术基础。既有研究表明，现有建筑能耗模拟软件超过一百种，如美国 BLAST、DOE-2、EnergyPlus，英国 ESP-r，中国 DeST 等[110]，其中的能耗参数化模拟软件多是通过对既有能耗模拟分析软件的二次开发，通过参数化编程融合建筑环境信息模型与建筑能耗模拟工具研发而成的。

1）Ladybug 与 Honeybee

Ladybug 与 Honeybee 是由 M. S. Roudsari 于 2014 年研发。作为 Grasshopper 的环境分析插件，Ladybug 与 Honeybee 免费、开源，可对建筑采暖、制冷、照明等能耗进行模拟。同时，其还可进行气候数据可视化分析、建筑朝向分析、日照辐射模拟、自然采光模拟，并能与依托 Grasshopper 平台的其他建筑性能参数化模拟工具，如 Heliotrope、Geco、Gerilla、Diva-for-Rhino 等协同工作，其技术特征如表 4-1。

现有 Rhino/Grasshopper 平台建筑环境分析软件比较 [111]　　　　　　　表 4-1

过程		分析软件				
		Ladybug	Heliotrope	Geco	Gerilla	Diva-for-Rhino
气候分析	分析	√				
	可视化	√	√			
体块/朝向研究		√		√		√
采光研究		√		√		√
能耗模型		√			√	√

2）ArchSim Energy Modeling for Grasshopper

ArchSim Energy Modeling for Grasshopper 由德国 Timur Dogan 公司开发，是基于 Grasshopper 平台的建筑能耗参数化模拟工具，能够以参数化方式调用 EnergyPlus 建筑能耗模拟计算引擎。同时，该工具还具有参数化建模能力，能够依托 Grasshopper 平台展开建筑环境信息数据读取与编辑，可对建筑采暖、制冷、照明能耗进行分项与综合可视化分析 [112]（图 4-12）。

ArchSim 可为用户创建灵活的多区域能耗模拟模型，可参数化调用 EnergyPlus 的负荷、系统和设备模块 [113]（图 4-13），并支持采光和遮阳控制，包含通风模块，可进行通风风压和热压自然通风、气流网络、HVAC、光伏和相变材料分析。该工具通常用于方案创作阶段，可为设计者制定建筑形态、空间、材料和构造设计决策提供技术支持。

3）OpenStudio

OpenStudio 是由美国能源部可再生能源实验室（National Renewable Energy Laboratory，NREL）开发的集成了 Energy Plus 和 Radiance 的建筑能耗参数化模拟工具，能够以参数化方式调用 Energy Plus 建筑能耗模拟计算引擎，进行建筑采暖、制冷能耗的模拟，也可以调用 Radiance 进行自然采光性能模拟。同时，该工具还具有参数化建模能力，能够依托 Google SketchUp 平台展开建筑环境信息数据读取与编辑，并对能耗、自然采光性能等指标进行分项与综合可视化分析，其程序结构如图 4-13。

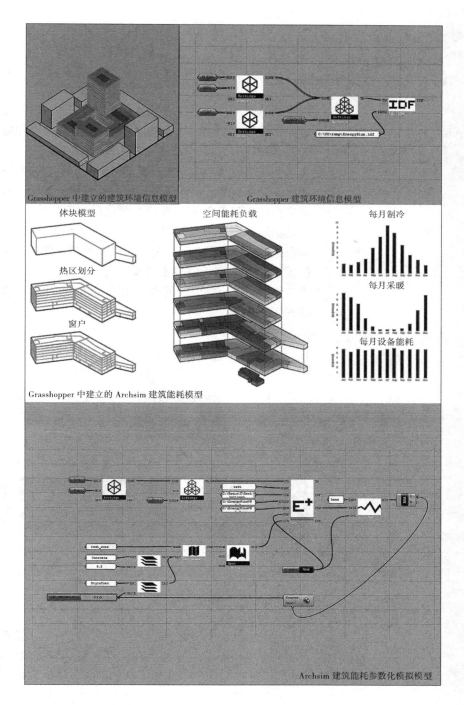

图 4-12　ArchSim 建筑能耗
参数化模拟流程 [112]

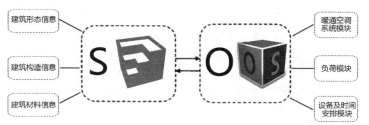

图 4-13　OpenStudio 的程序
结构

4.3.2 建筑采光参数化模拟工具

1）DIVA

Diva-for-Rhino 是基于 Rhinoceros 平台的建筑自然采光参数化模拟分析工具，其由哈佛大学克里斯托夫·赖因哈特（Christoph Reinhart）教授团队研发，之后由 Solemma LLC 公司发行。Diva-for-Rhino 可将模拟结果导入 Grasshopper 平台进行数据编辑和管理，最终还能以动画形式呈现模拟过程，实现生成形态、模拟的可视化同步[114]，辅助设计者实现多建筑设计方案采光性能比较分析。DIVA 建筑光环境模拟功能全面，计算引擎精度高，其光环境模拟分析精度已被国内外学者广泛验证，是广泛应用的建筑自然采光性能参数化模拟工具[115]。DIVA 不仅可高效、准确地仿真太阳轨迹及建筑投影情况，还可准确分析建筑室内外太阳辐射、建筑室内外照度分布等，同时可承载建筑全年动态采光、人眼视野范围下的逐时眩光、全年建筑眩光模拟分析（图 4-14）。设计者根据其反馈的模拟结果数据，能以时间维度和空间维度生成建筑自然采光渲染图和建筑眩光伪彩图。

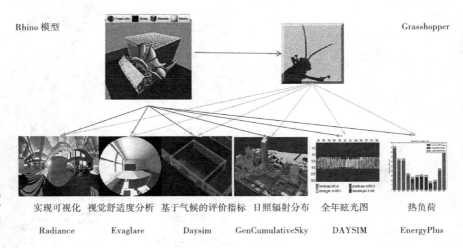

图 4-14 DIVA-for-Rhino 及 DIVA-for-Grasshopper 实现参数化模拟平台与多种性能模拟软件的连接[116]

2）Radiance

Radiance 软件是由美国劳伦斯伯克利国家实验室（Lawrence Berkeley National Laboratory，LBNL）开发的建筑自然采光模拟工具。Radiance 作为自然采光模拟计算引擎，被大多数既有建筑自然采光参数化模拟工具所整合，能够精确模拟自然采光和人工照明条件下的建筑室内外光环境。2004 年，根据加拿大国家研究委员对采光领域学者、建筑师及工程师的调查数据统计表明 Radiance 是应用最为广泛的建筑自然采光性能模拟计算引擎。

Radiance 以蒙特卡洛采样和反射光线追踪算法为自然采光模拟核心算法，基于辐照度缓存技术，可避免不可见点的计算资源消耗，而仅考虑可见点辐亮度计算，简化了计算流程，在保证计算精度的同时大幅减少计

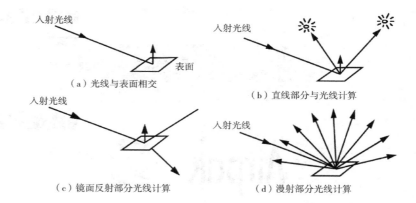

（a）光线与表面相交

（b）直线部分与光线计算

（c）镜面反射部分光线计算

（d）漫射部分光线计算

图 4-15　Radiance 软件的光线计算方式[116]

算耗时。计算时，Radiance 对直射、镜面非直接和漫射非直接光线进行计算，为增加渲染效率、提高计算精度，窗户和天窗被作为二次光源处理，如图 4-15 为 Radiance 软件对光线的计算方式示意图。

4.3.3　CFD 建筑环境模拟工具

CFD 建筑环境模拟可对室内外风、热环境和人流疏散展开模拟，可模拟建筑室内和周边气流动态与温度分布、计算建筑表面风压系数、仿真人群疏散过程（图 4-16）。CFD 模拟工具综合了流体动力学、数值计算以及计算机图形学技术。相比既有依托风洞展开的缩尺模型实验方法，其在模拟效率与成本方面具有显著优势。对比传统长周期、高费用的模型实验方法，CFD 模拟具有周期短、成本低、模拟资料完备等优点。

CFD 模拟工具基于数值模型和经验参数对流场内各参变量进行求解计算，使设计者在设计过程中及时判断各项设计决策对建筑风环境、热环境和人群疏散的影响，从而降低试错次数，缩短设计耗时，提高设计效率，降低设计成本。此外，CFD 模拟工具作为"白箱模型"，相比神经网络等"黑箱模型"能够更多地向设计者展示模拟流场的变化机理，帮助设计者更深入地了解、掌握流场计算问题。

常用的 CFD 模拟工具有 Phoenics、Fluent、Airpak、ANSYS、CFX、Star-CD 等（图 4-17），在通风空调领域以 Fluent 和 Phoenics 应用较多。Phoenics 模拟工具可通过接口程序开发，实现与 3D Max、CAD 等建模平台的数据交互，拓展了其性能模拟模型建构能力。Airpak

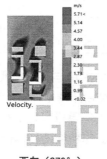

西向（270°）

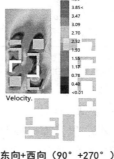

东向+西向（90°+270°）

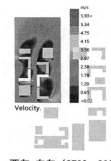

西向+东向（270°+90°）

图 4-16　基于 CFD 软件的建筑风环境模拟

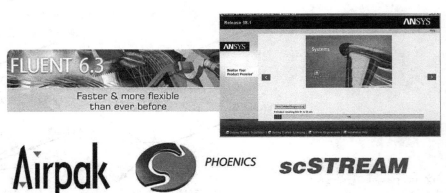

图 4-17 CFD 参数化模拟
工具

是基于 Fluent 计算内核，面向工程师、建筑师和设计师开发的 CFD 模拟工具，其旨在解决暖通空调 HVAC（Heating，Ventilation and Air Conditioning）领域的环境仿真计算问题。Airpak 可用于分析通风系统运行工况、室内气流特征、室内空气品质和污染物分布情况，通过对建模、计算网格划分与后期处理方面的优化，相比 Fluent，Airpak 学习成本更低、应用更便捷。

4.4 建筑性能参数化模拟实例

4.4.1 建筑能耗参数化模拟

实践案例旨在应用 OpensStudio 展开建筑能耗参数化模拟，首先基于严寒地区高层办公建筑形态调研数据，建立能耗参数化模拟模型数据组，其参数如表 4-2。

典型模型参数设置 [117]   表 4-2

建筑设计参量	设计参数	建筑设计参量	设计参数
平面形式	矩形	建筑层数	28 层
首层层高	3.9m	标准层层高	3.25m
标准层面积	900m²	开间进深比	1.0
东向窗墙比	0.2	南向窗墙比	0.4
西向窗墙比	0.2	北向窗墙比	0.2

应用 OpenStudio 及其插件建立其与 SketchUp 建模工具、Energy Plus 能耗计算引擎的数据关联，结合严寒地区透明和非透明围护结构建筑材料参数调研结果，设定能耗参数化模拟模型的材料构造参数（表 4-3、表 4-4），展开模拟模型空间形态、材料构造和运行信息建模，建立建筑能耗参数化模拟模型（图 4-18）。

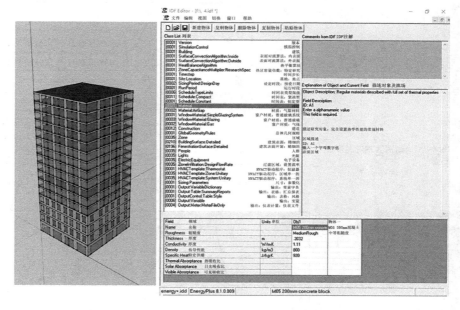

图 4-18　建筑能耗参数化模拟模型[117]

非透明建筑材料热工性能表[117]　　　　表 4-3

项目名称	材料名称	导热系数 （W/m·K）	密度 （kg/m³）	比热容 （J/kg·K）
建筑砌体材料	加气混凝土砌块	0.19	500	1050
建筑保温材料	聚苯乙烯泡沫板	0.041	18	2414.8
	岩棉	0.045	140	1220
建筑抹灰材料	水泥砂浆	0.93	1800	1050
	石灰砂浆	0.81	1600	1050
	混合砂浆	0.87	1700	1050
建筑结构材料	钢筋混凝土	1.74	2500	920

透明建筑材料热工性能表[117]　　　　表 4-4

项目名称	材料名称	导热系数（W/m·K）	日照得热系数
建筑外窗	普通三层中空玻璃窗	2.0	0.739

结合《公共建筑节能设计标准》GB50189-2015 中对围护结构热工性能权衡计算的内容，将模拟模型分为办公区与商铺区，分别设定热工分区和边界条件。具体边界条件设置参数如图 4-19~ 图 4-22、表 4-5。

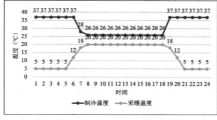

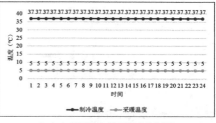

图 4-19　办公区室内工作日及假日温度控制图[117]

（a）办公区室内工作日温度控制图　　　　（b）办公区室内假日温度控制图

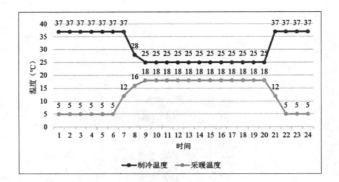

图 4-20 商铺区室内温度控制图[117]

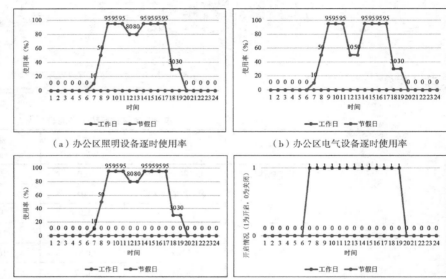

（a）办公区照明设备逐时使用率　　　（b）办公区电气设备逐时使用率

（c）办公区人员逐时在室率　　　（d）办公区室内新风运行情况

图 4-21 办公区设备使用率、人员在室率及新风运行设置[117]

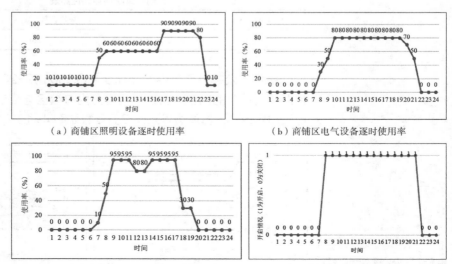

（a）商铺区照明设备逐时使用率　　　（b）商铺区电气设备逐时使用率

（c）商铺区人员逐时在室率　　　（d）商铺区室内新风运行情况

图 4-22 商铺区设备使用率、人员在室率及新风运行设置[117]

其他设备边界条件设定 [117]			表 4-5
边界条件	商铺区	办公区	
照明设备功率密度值（W）	10.0	9.0	
电气设备功率密度值（W）	13	15	
房间人均占有建筑面积（m²/人）	8	10	
人均新风量 [m³/（h·人）]	30	30	

在外墙保温层厚度与建筑能耗的相关性实验中，基于建立的建筑能耗参数化模拟模型，采用控制变量方法，通过建筑能耗参数化模拟，分析严寒地区高层办公建筑外墙保温层厚度设计参量与建筑能耗的相关性关系。设计参量值域设定为 50~200mm，其值域区间涵盖了严寒地区高层办公建筑常见外墙保温材料厚度，并以 10mm 为步长展开控制变量实验。

建筑能耗参数化模拟结果表明：建筑能耗随高层建筑外墙保温层厚度的增加逐渐降低。外墙保温层厚度从 0 增加至 200mm 的过程中，建筑能耗由 169.28kWh/m² 降低至 160.92kWh/m²（表 4-6、图 4-23）。从曲线下降趋势表明：随着保温层厚度的增加，曲线曲率逐渐变小，说明随着保温层厚度的增大，其对建筑能耗的改善幅度逐渐降低，也说明严寒地区高层办公建筑设计不应一味提高建筑外墙保温层厚度，而是应该权衡考虑建筑成本控制与节能需求，设定外墙保温层厚度。

在外墙砌体层厚度与建筑能耗的相关性实验中，基于建立的建筑能

不同建筑外墙保温层厚度下的建筑能耗参数化模拟结果 [117]		表 4-6
工况	保温层厚度（mm）	建筑能耗（kWh/m²）
1	0	169.275
2	10	167.600
3	20	166.378
4	30	165.453
5	40	164.719
6	50	164.136
7	60	163.653
8	70	163.250
9	80	162.908
10	90	162.614
11	100	162.358
12	110	162.131
13	120	161.936
14	130	161.761
15	140	161.603
16	150	161.461
17	160	161.333
18	170	161.217
19	180	161.108
20	190	161.011
21	200	160.919

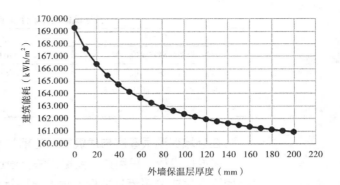

图 4-23 外墙保温层厚度与
建筑能耗关系[117]

耗参数化模拟模型，采用控制变量方法，通过建筑能耗参数化模拟，计算不同外墙砌体层厚度下的高层办公建筑能耗水平。模拟参量取值范围为100~300mm，取值区间涵盖了严寒地区高层办公建筑常见外墙砌体层厚度，以 10mm 梯度划分不同工况，进行建筑能耗参数化模拟。模拟结果表明：高层办公建筑能耗随着砌体层厚度的增加逐渐降低，但相比外墙保温层，降低幅度较小，砌体层厚度从 100mm 增加至 300mm，建筑能耗由 162.98kWh/m² 降低至 161.82kWh/m²（表 4-7、图 4-24），且曲线曲率逐渐变小，但变化不明显，平均每增加 10mm 砌体层厚度仅能降低0.06kWh/m² 的建筑能耗，说明高层办公建筑砌体层厚度设计时，应以结构性能和成本控制因素为主，可适当兼顾建筑节能设计目标。

不同砌体层厚度下的建筑能耗参数化模拟结果[117]　　　　　表 4-7

工况	砌体层厚度（mm）	建筑能耗（kWh/m²）
1	100	162.975
2	110	162.894
3	120	162.817
4	130	162.744
5	140	162.669
6	150	162.603
7	160	162.539
8	170	162.475
9	180	162.414
10	190	162.358
11	200	162.300
12	210	162.244
13	220	162.189
14	230	162.139
15	240	162.092
16	250	162.042
17	260	161.981
18	270	161.950
19	280	161.906
20	290	161.864
21	300	161.822

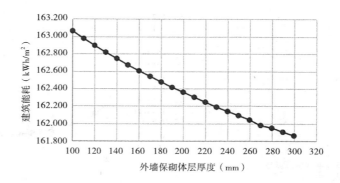

图 4-24 砌体层厚度与建筑
能耗关系[117]

在屋顶保温层厚度与建筑能耗的相关性实验中，基于建立的建筑能耗参数化模拟模型，采用控制变量方法，通过建筑能耗参数化模拟，计算不同屋顶保温层厚度下的高层办公建筑能耗水平。建筑屋面保温层厚度设计参量取值范围为 0~200mm，其涵盖了严寒地区高层办公建筑常见屋顶保温材料厚度，以 10mm 为步长展开模拟分析模拟结果见表 4-8、图 4-25。

不同屋顶保温层厚度下的建筑能耗参数化模拟结果[117]　　　　表 4-8

工况	屋顶保温层厚度（mm）	建筑能耗（kWh/m²）
1	0	170.736
2	10	166.400
3	20	164.728
4	30	163.856
5	40	163.331
6	50	162.969
7	60	162.708
8	70	162.511
9	80	162.358
10	90	162.231
11	100	162.136
12	110	162.053
13	120	161.983
14	130	161.925
15	140	161.872
16	150	161.828
17	160	161.792
18	170	161.758
19	180	161.725
20	190	161.697
21	200	161.672

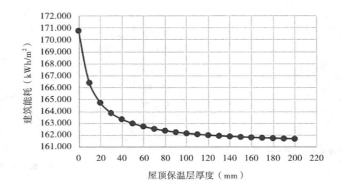

图 4-25 屋顶保温层厚度与
建筑能耗关系[117]

由模拟结果可知，建筑能耗随着保温层厚度的增加逐渐降低，保温层厚度从 0 增加至 200mm，建筑能耗由 170.736kWh/m² 降低至 161.672kWh/m²。保温层厚度每增加 10mm 可以降低 4.436kWh/m² 能耗，其后每增加 10mm 仅降低 0.025kWh/m² 能耗，且当保温层厚度超过 80mm 时，曲线曲率明显变小，此时每增加 10mm 保温层厚度降低建筑能耗量不足 0.01kWh/m²，节能效果显著降低，说明严寒地区高层办公建筑设计不应一味提高建筑屋顶保温层厚度，而应权衡考虑建筑成本控制与节能需求，合理设定屋顶保温层厚度。

4.4.2　建筑采光参数化模拟

基于 Grasshopper 平台，应用自然采光参数化模拟技术，建立哈尔滨某单元办公建筑自然采光性能参数化模拟模型，通过控制变量实验来分析金属多孔遮阳板对建筑室内自然采光性能的影响，计算工作面的全年动态采光评价指标 DA、DA_{con} 和 $UDI_{100-2000}$ 数值，从而为建筑穿孔遮阳板的设计提供技术支持。图 4-26 为模拟建立的自然采光性能参数化模拟模型，其能够参数化调用、编辑建筑环境信息，并计算 DA、DA_{con}、$UDI_{100-2000}$ 等全年动态采光评价指标[118]。

建立的自然采光性能参数化模拟模型中的单元式办公空间尺寸如图 4-27，其开间 3m，进深 4.2m，净高 3m，正南朝向。采光窗底部距离地面 0.8m，窗高 1.8m，宽 1.8m，两侧窗间墙各 0.6m 宽。窗外的遮阳板

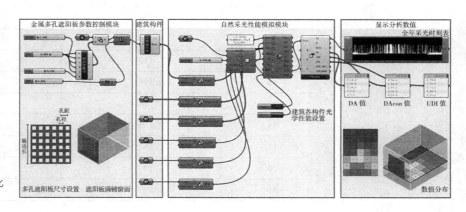

图 4-26　自然采光性能参数化
模拟模型[118]

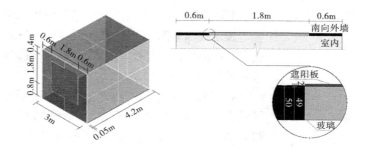

图 4-27　房间尺寸[118]（左）
图 4-28　窗与遮阳板相对位
置示意图[118]（右）

模型发挥了参数化建模优势，设计者可通过孔径设计参量调节展开多方案比较，遮阳板构造示意图如图 4-28。

控制变量实验中，首先设置孔隙率为定值，以孔径值为变量展开实验；再设置孔径值为定值，以孔距为变量展开实验。根据办公建筑围护结构光学属性特征，在建筑采光性能参数化模拟模型中设定遮阳板、采光窗、内墙面、外墙面、天花板和地板的材质属性，包括反射与透射参数等。根据模型场地位置导入局地气候数据库，根据模拟精度要求，设定自然采光计算引擎的控制参数，在距地面 0.8m 高处布置自然采光参数化模拟分析工作面网格等边界条件。

在对工作面进行等距划分网格后，设计实测验证实验，以验证建筑自然采光性能参数化模拟精度。设计者首先根据网格中心点分布情况，设定自然采光实测测点布局。模拟采用的 0.8m 高工作面网格尺寸为 0.6m×0.6m，工作面共被分为 35 个网格（图 4-29、图 4-30）。实践中，设计者选择进深方向中间列测点模拟数值与实测数据进行比较分析，以此来分析建筑自然采光性能参数化模拟精度。

采用控制变量法，设定孔隙率为 36%，实验分析了孔径从 18~216mm 变化过程中，办公建筑室内 DA、DA_{con} 和 $UDI_{100-2000}$ 三项自然采光性能指标沿进深方向的变化趋势；以及当孔径值为 18mm 时，孔隙率从 9%~56.25% 变化时的室内 DA、DA_{con}、$UDI_{100-2000}$ 三项自然采光性能指标沿进深方向的变化趋势。

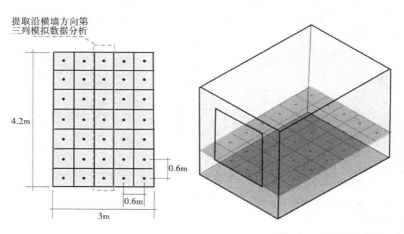

图 4-29　参数化模拟模型中
的分析网格平面[118]（左）
图 4-30　参数化模拟模型中
的测点[118]（右）

1）孔径对自然采光性能影响的分析结果

设定孔隙率为 36%，孔径尺寸由 18~216mm 变化时，单元办公空间室内 DA 值降低，距窗距离越远，DA 衰减幅度越大，在距窗 4m 处数值趋近于 0（图 4-31）。

孔径对 DA_{con} 值的影响如图 4-32 所示，使用多孔金属遮阳板也会降低 DA_{con} 值，且距离窗越远，降低幅度越大。由图 4-33 可知，无遮阳时 $UDI_{100-2000}$ 数值随距窗距离增加而逐渐增大，在 3.9m 处达到最大值 85%，而孔径在 18~216mm 范围内，孔隙率为 36% 时，遮阳板相比较无遮阳，可明显提升近窗处 $UDI_{100-2000}$ 数值，但该数值在远窗处则迅速衰减。孔径变化对于 $UDI_{100-2000}$ 数值影响不大，均分布在距窗 0~2.1m 的范围内。

2）孔隙率对自然采光性能影响的分析结果

本节选取孔径尺寸为 18mm，孔隙率由 9%~56.25% 变化的多孔金属遮阳板为模拟变量，分析多孔遮阳板孔隙率对于单元办公空间全年动态采光性能的影响。

首先分析孔隙率对 DA 的影响，如图 4-34。在不使用遮阳板的情况下，室内 DA 值随着距窗距离增大而降低，使用遮阳板后，DA 值下降幅度进一步增大。其次，设计者分析了孔隙率对 DA_{con} 的影响，如图 4-35。不使用遮阳板时，室内 DA_{con} 随距窗距离增大而缓慢下降，使用遮阳板后，下降趋势更明显。

最后，设计者分析了孔隙率对 $UDI_{100-2000}$ 的影响，从图 4-36 中可以看出，当使用孔径为 18mm，孔隙率在 9% 及其以上时，遮阳板的

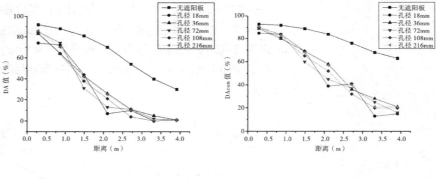

图 4-31 以孔径为变量的 DA 参数化模拟结果[118]（左）

图 4-32 以孔径为变量的 DA_{con} 参数化模拟结果[118]（右）

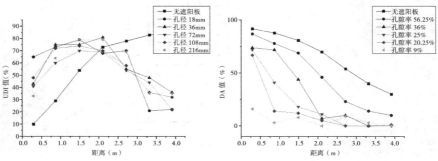

图 4-33 以孔径为变量的 $UDI_{100-2000}$ 参数化模拟结果[118]（左）

图 4-34 以孔隙率为变量的 DA 参数化模拟结果[118]（右）

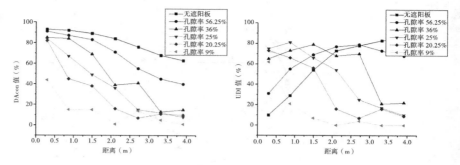

图 4-35 以孔隙率为变量的 DA_{con} 参数化模拟结果[118]（左）

图 4-36 以孔隙率为变量的 $UDI_{100-2000}$ 参数化模拟结果[118]（右）

设置可提升近窗处的 $UDI_{100-2000}$ 数值，其峰值达 81%，但也会导致远窗处 $UDI_{100-2000}$ 数值的降低，且孔隙率越大，$UDI_{100-2000}$ 改善区域距窗越远。

通过自然采光性能参数化模拟，遮阳板孔隙率为 36% 时，DA 及 DA_{con} 值相比不使用遮阳板的房间均呈现降低趋势，且距窗越远，降低幅度越大，这是由于遮阳板减少了办公空间入射的总光通量，使得工作平面各测点相应的逐时照度值也有所下降；因 DA 及 DA_{con} 两项评价指标旨在计算超过室内最低照度阈值的累计小时数，故其数值相比不使用遮阳板的情况有所降低。

同时，对于孔隙率一定的多孔板，孔径尺寸变化并不会引起明显的全年采光分布差异：不同孔径下，DA 及 DA_{con} 数值差异很小，$UDI_{100-2000}$ 数值差异约在 20% 以内。可见，孔径与进深方向不同区域的全年采光性能相关性较低。图 4-35 中孔隙率与进深方向不同区域的全年采光性能相关性较高。图 4-35 与图 4-36 表明：当孔径恒定时，孔隙率越小，各测点的 DA 及 DA_{con} 数值越接近零。

4.4.3　基于 CFD 的建筑室内环境参数化模拟

空气交换率（即每小时空气变化量）和通风率可通过对进入建筑的体积流量来计算。案例实践中，设计者将基于二氧化碳浓度衰减法，通过 CFD 建筑环境参数化模拟，分析大型体育场馆的自然通风性能。实践案例位于荷兰阿姆斯特丹市的西北部，案例建筑周边地貌相对平坦（图 4-37a）。

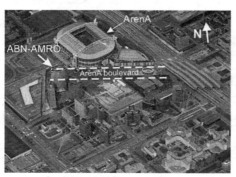

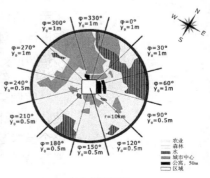

图 4-37　实践案例场地鸟瞰与周边环境[119]

（a）鸟瞰图　　　　　　（b）周边环境

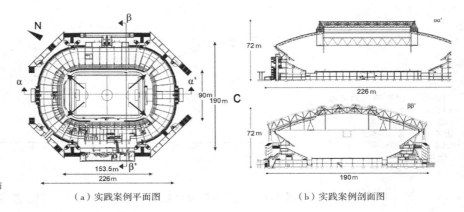

图 4-38　实践案例平面图与
剖面图[119]

（a）实践案例平面图　　　　　　　　　　（b）实践案例剖面图

实践案例距离中心市区有一定距离，其南侧多为农业用地，其建筑密度和容积率相对较低（图 4-37b）。风环境模拟的空气动力学粗糙度对平均风速和湍流量的入口轮廓具有影响。实践案例将根据 Davenport 提出的粗糙度分类来确定建筑风环境参数化模拟的空气动力学粗糙度参数。实践案例平面形式为椭圆形（图 4-38），建筑外部尺寸为 226m×190m×72m（$L \times W \times H$）。体育场大约可容纳 51000 名观众，其内部容积约为 $1.2 \times 10^6 m^3$。

由于实践案例的室内体积达到了 $1.2 \times 10^6 m^3$，如何为使用者提供良好的风环境成为设计者亟须关注的问题，而自然通风是改善实践案例观众区风环境舒适度的重要手段。实践案例的四座角门多数时间呈现开启状态（图 4-39b），其形成了实践案例的潜在的通风口开口。此外，在实践案例上部的侧向钢结构和屋顶钢结构之间、屋顶固定和可移动部分之间的空隙均形成了实践案例的潜在通风口（图 4-39a）。位于侧向钢结构和屋顶钢结构之间的空隙沿着整个实践案例四周分布，其总表面积约为 130m²（图 4-39c）。屋顶固定和可移动部分之间的空隙只存在于实践案例的长轴方向，其总表面积约为 85m²（图 4-39d）。

根据实践案例建筑图纸，建立案例建筑风环境参数化模拟模型。该模型真实还原了实践案例顶部的两处通风口有助于精确地模拟出上述通风口对于实践案例自然通风情况的影响。为节约计算资源、降低计算耗时，实践案例周边的建筑以体块形式呈现实践案例的 CFD 分析网格如图 4-40 所示。结合实践案例形态特征，网格进行了相应调整，并在临近建筑的区域进行了网格加密。研究建立了三组不同尺度的模拟分析网格，分别命名为粗网格、中间网格和精细网格，并对上述三组网格进行了分析网格敏感性分析。实践案例内部计算网格见图 4-41。

案例实践中，在计算域的入口处施加了中性大气边界层的对数平均风速，在出口处施加零静压，并考虑到不垂直于矩形域边界风环境模拟需求。整个模拟过程中的室外环境空气温度设置为 19℃，二氧化碳浓度衰减模拟开始时，初始室内空气温度设定为 26℃。体育场内 0：00h 的 CO_2 浓度设定为 2000ppm，室内水蒸气浓度为 15g/kg，且都假设其均匀分布。

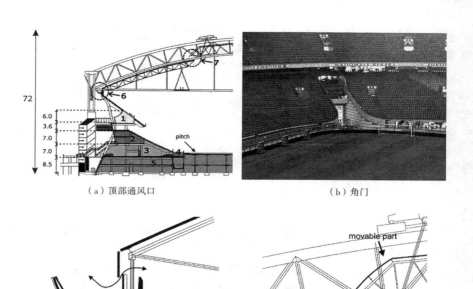

（a）顶部通风口　　　　　　　　　　　　　　（b）角门

图 4-39　实践案例构造设计
与通风口位置[119]

（c）侧向钢结构与屋顶钢结构之间的通风口　　　（d）屋顶固定和可移动部分之间的通风口

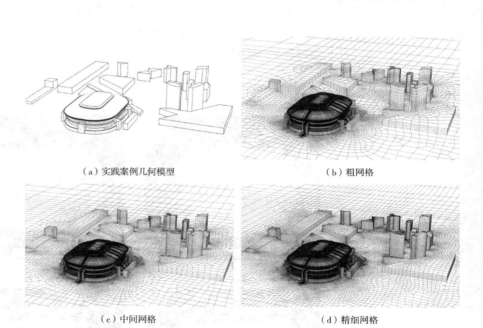

（a）实践案例几何模型　　　　　　　　　　（b）粗网格

图 4-40　计算流程[119]

（c）中间网格　　　　　　　　　　　　（d）精细网格

基于三维非稳态 RANS 方程和 k-ε 湍流模型展开实践案例风环境参数化模拟，计算得出实践案例周边区域和内部的气流分布与流动情况。上述风环境参数化模拟依托商业 CFD 软件 Fluent 展开，应用 SIMPLEC 算法、采用标准的压力插值来处理参数化模拟过程中的压力耦合问题，并应用二阶

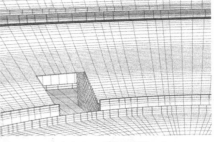

图 4-41　实践案例内的计算网格（中间网格）的内部视图[119]

（a）观众席区域计算网格　　　　　　　　　（b）入口区域计算网格

离散方案控制方程对流项和粘性项。为充分解析在自然通风环境下，实践案例内部的空气温度、水汽浓度和 CO_2 浓度的总体衰减过程，模拟在二氧化碳浓度达到其环境值（400ppm）时结束。模拟过程共经过 800 步，时间步长 Dt=10s，各步长需要迭代 60 次。

通过 CFD 模拟可详细评估室内自然通风效果。空间浓度梯度分析能够识别通风换气低于平均值的区域，即二氧化碳浓度可能较高的区域，如再循环区域和停滞区域。图 4-42 所示为实践案例看台以上 4.65m 处的水平横截面二氧化碳浓度分布情况。

图 4-43 所示为实践案例长轴和短轴方向剖面的二氧化碳浓度分布情况，并分别计算了四个时刻的二氧化碳分布情况。

图 4-44 所示为实践案例内四个位置的平均 CO_2 浓度衰减曲线和点平均浓度衰减曲线（N1，N2，SE1，SE2 衰减曲线的平均值）。

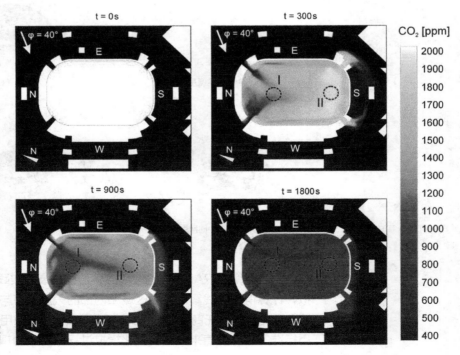

图 4-42　实践案例 CO_2 浓度（ppm）分布模拟分析结果[119]

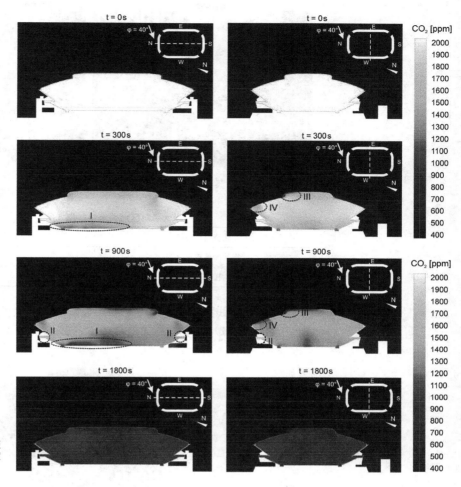

图 4-43 实践案例长轴与短轴方向剖面中的二氧化碳浓度分布[119]

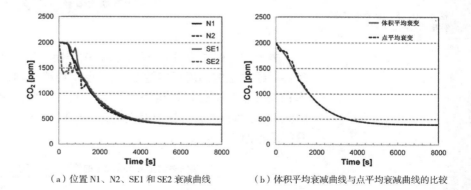

（a）位置 N1、N2、SE1 和 SE2 衰减曲线　　　　（b）体积平均衰减曲线与点平均衰减曲线的比较

图 4-44 CFD 模拟得出的二氧化碳浓度衰减曲线[119]

4.4.4　基于 CFD 的建筑室外环境参数化模拟

　　本节将基于东京城市街区室外热环境和风环境分析问题，展开室外风环境参数化模拟分析。案例位于东京高密度城市街区中，如图 4-45 所示。统计表明，实践案例周边区域建筑密度和容积率均较高（表 4-9）。

图 4-45　分析区域街景照片
与总平面图 [120]

（a）街景照片　　　　　　　　　　　（b）总平面图

大手町区域城市建筑指标 [120]　　　　　　　　　表 4-9

建筑设计参量	大手町区域
平均净建筑覆盖率	62.9%
平均楼面面积指数	1179.0%

考虑到实践案例周边区域的城市模型尺度较大，案例实践采用了自动划分的非结构网格，共建构了 379706 个网格（图 4-46）。

图 4-46　实践案例中建立的
网格 [120]

表 4-10 和表 4-11 为案例实践中设定的室外风环境参数化模拟边界条件。建筑室内温度设定为 26℃，围护结构材料设定为混凝土，其反照率和长波辐射率分别设定为 0.2 和 0.9。室内对流换热系数为 4.64（W/m²K），地面覆盖沥青其温度设定为 26.0℃，地面的反照率和长波辐射率分别设定为 0.1 和 0.95。

实践案例参数化模拟中的地面参数设定 [120]　　　　　　表 4-10

参量名称	参量数值
透过率	0.0
反照率	0.2
厚度	0.2m
室内对流换热系数	4.64（W/m²K）
室内空气温度	26℃

参量名称	参量数值
长波发射率	0.9
湿度可用性	0.3
地面材料	沥青
地面温度	26℃（0.5m以下）

实践案例参数化模拟边界条件设定[120] 表4-11

湍流模型	标准 k-ε 模型（包含浮力效应）
进口	$U=U_0(Z/Z_0)^{1/4}$ $U_0=3m/s$，$Z_0=74.6m$ $\kappa=1.5(I\times U_0)^2$，$I=0.1$ $\varepsilon=C_\mu\kappa^{3/2}/l$ $l=4(C_\mu\kappa)^{1/2}Z_0Z^{3/4}/U_0$
出口	速度 7m/s
	温度 42℃
	κ　$0.1m^2/s^2$
	E　$1m^2/s^3$
边界，天空	自由滑动
墙	广义对数法

在实践案例参数化模拟中，离散传输方法（DTM）被用于辐射模拟。在 CFD 仿真中，采用的紊流模型是标准 k-s 模型，且侧界面和上界面设定为自由滑脱。在进行模拟前还需根据实际情况设置人造放热，假设建筑内部热负荷是总建筑面积和单位热负荷强度的乘积。为分析不同设计策略对城市局地热环境的影响，设计者在参数化模拟过程中设置了一系列实验变量，并加入了不设定任何人工热源的模型作为参照，见表4-12。

变量控制方案[120] 表4-12

方案		道路		地面	建筑物表面		热量释放		释放点	研究要点
		保水性	高反照率	交通热量释放	绿化率	屋顶绿化	高反照率屋顶	显性热量	潜在热量		
手町街区	1-0	0%	0%	没有	0%	0%	0%	0%	0%		没有热量释放
	1-1	0%	0%	没有	0%	0%	0%	30%	70%	屋顶	基本情况
	1-2	0%	0%	没有	0%	0%	0%	100%	0%	屋顶	交通流量：显性的
	1-3	0%	0%	没有	0%	100%	100%	30%	70%	屋顶	屋顶：绿化
	1-4	0%	0%	没有	0%	0%	0%	30%	70%	屋顶	屋顶：高反照率
	1-5	100%	0%	没有	100%	0%	0%	30%	70%	屋顶	道路：保水地面：绿化
	1-6	0%	0%	没有	100%	0%	0%	30%	70%	屋顶	地面：绿化
	1-7	0%	100%	没有	0%	0%	0%	30%	70%	屋顶	道路：高反照率
	1-8	0%	100%	没有	100%	0%	0%	30%	70%	屋顶	道路：高反照率地面：绿化
	1-9	0%	0%	是	0%	0%	0%	30%	70%	屋顶	交通热量

方案 1-0 是未增加人为排热的对照方案。方案 1-3、1-4 是将模拟区域的建筑屋顶改为高反照率或绿化面的实验方案。参数化模拟结果表明：在风速和空气温度水平分布方面，图 4-47 显示了整个城区 1.5m 高度的风速水平分布，以评估步行区的室外风环境。图 4-48 说明了方案 1-1 中的空气温度水平分布。在风力较弱的区域气温相对比较高，尤其是风力减弱的建筑风影区域也相对较高。

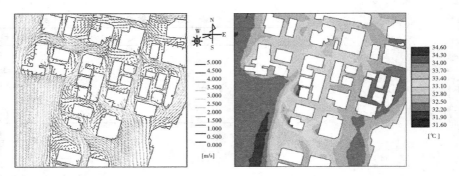

图 4-47　区域中 1.5m 处风速水平分布情况[120]（左）
图 4-48　区域中 1.5m 处气温水平分布情况[120]（右）

　　图 4-49 显示了在 1.5m 高度各方案与方案 1-1 的空气温度差异。图 4-49（a）显示了方案 1-3 的风环境参数化模拟结果，其大面积采用了绿化屋面，模拟结果表明大面积屋顶绿化的引入对行人层面的空气温度影响相对有限。图 4-49（b）揭示了将地面设定为保水材料的方案 1-5 的参数化模拟结果，表明采用保水材料作为地面，可以在一定程度上降低行人尺度的空气温度。图 4-49（c）揭示了方案 1-9 中的交通热量排放对于行人尺度空气温度的影响。

（a）方案 1-3 参数化模拟结果　　（b）方案 1-5 参数化模拟结果　　（c）方案 1-9 参数化模拟结果

图 4-49　空气温度与方案 1-1 的差异[120]

第5章　建筑方案多目标优化

随着计算机模拟技术的发展与应用，建筑方案多目标优化设计逐步推广应用于建筑方案设计实践中。复杂性科学发展与建筑性能要求的攀升，都对当代建筑设计提出了新的挑战。设计者需权衡的建筑性能日益多元化、复合化[121]。本章将立足人工智能时代语境，基于性能驱动设计思维，综合应用建筑环境信息参数化建模、建筑性能参数化模拟方法与技术，整合遗传算法、性能仿真和参数编程工具，阐述建筑方案多目标优化设计方法与工具，并结合实际案例阐释其应用效果。本章将首先阐述建筑多目标优化设计方法，介绍直接搜索法、进化算法、仿生算法等启发式算法[122]；进一步阐述 Octopus 建筑多目标优化设计工具，最后结合寒地办公建筑优化设计实例，阐述多目标优化设计方法与技术的实践应用效果。

5.1　多目标优化方法

5.1.1　多目标优化问题

建筑设计需不断调整设计参量，以满足多建筑设计目标要求，逐步确定建筑形态空间、材料构造等设计决策。实际上，建筑设计过程是一个不断探索与修正设计解决方案的过程。设计者往往需要依托自己具备的专业知识、经验等完成对设计要求的解答，并对其进行评价和验证，通过反复的修正得出满足设计要求的建筑设计方案。建筑设计方案求解域具有显著的广泛性与不确定性特征，属于多目标优化问题[123]。优化问题可理解为若干存在相关关系的性能目标共同求解的问题。优化问题包括优化目标函数、优化参量和约束条件三项核心要素，其数学模型如式（5-1）~（5-3）：

$$Minimise \quad F(x_1, x_2, \cdots, x_n) \qquad (5\text{-}1)$$

$$G(x_1, x_2, \cdots, x_n) \geqslant 0 \qquad (5\text{-}2)$$

$$x_1 \in S_i \qquad (5\text{-}3)$$

由公式可知，优化问题是对目标函数 F 权衡求解的过程；设计参量 x_i 为离散变量或连续变量，其同时受到值域限制。

优化目标是单一函数的优化问题是单目标优化问题（Single-objective Optimization Problem，SOP），优化目标函数不少于两个的优化问题属于多目标优化问题（Multi-objective Optimization Problem，MOP）。不同于单目标优化问题的解为唯一解，多目标优化问题的解多是一组权衡各性能目标后的相对最优解集，即帕伦托解集或非支配解集。

多目标优化问题的数学公式如式（5-4）~（5-6），给定决策向量 x=（x_1，x_2，x_3，…，k），它满足约束：

$$g_i(x) \geqslant 0 \qquad (i=1, 2, 3, \cdots, k) \qquad （5-4）$$

$$h_i(x) = 0 \qquad (i=1, 2, 3, \cdots, l) \qquad （5-5）$$

设有 s 个相互冲突的优化目标，则优化目标可表示为：

$$f(x)=(f_1(x), f_2(x), \cdots, f_s(x)) \qquad （5-6）$$

寻求 x^*=（x_1^*，x_2^*，x_3^*，…，x_n^*），使 $f(x^*)$ 在满足约束条件的同时达到最优。

多目标优化问题可分为最小化全子目标函数、最大化全子目标函数、最小化部分子目标函数并最大化其他子目标函数三类。通过优化目标函数处理，设计者可实现上述三类多目标优化问题的转换。例如，将需要最大化的目标函数乘以 –1，即可将其转为求解优化目标函数最小值的多目标优化问题[124]。

建筑多目标优化设计中，设计者首先需根据建筑设计目标多目标优化问题，提炼、设定优化设计目标、参量和约束条件；进行初始化，生成符合约束条件的初始种群，即一系列建筑设计可行解；依托进化算法展开种群个体的交叉、变异和选择，获得子代种群个体；根据子代种群个体性能与适应度计算函数优化目标之间的契合程度，制定优化设计决策，展开迭代计算，直至迭代计算代数达到最大限值，或得出的解集达到优化设计目标要求，或设计者主动中止优化设计过程；多目标优化设计停止后，导出获得的非支配解集[125]。建筑多目标优化设计获得的相对最优解集多是对各项优化设计目标权衡响应的非支配解集，也称为帕伦托解集，由其构成的曲面称为帕伦托前沿面（Pareto Front）。图 5-1 所示为通过多目标优化设计，面向呈现负相关关系的两项性能目标，得出的帕伦托前沿面和解集。

5.1.2 优化算法

建筑多目标优化设计需结合优化算法展开，所采用的算法主要包括直接搜索法和启发式算法。其中尤以启发式算法应用最为广泛，该算法为寻求最优结果或者向最优结果逼近提供了更多可能性。

1）直接搜索法

直接搜索算法不需要依赖目标函数梯度信息便可展开优化问题求解，

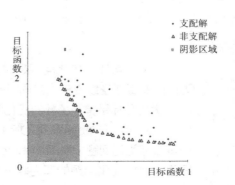

图 5-1　多目标优化设计得出的帕伦托前沿面[125]

其通过搜索当前点周围点来寻找目标函数值低于当前点函数值的点，适于解决目标函数不可微或不连续问题。随着直接搜索算法相关研究的深入开展，其理论依据和收敛性分析日益完善，为其实践应用奠定了理论基础[126]。应用较广泛的直接搜索法主要包括模式搜索法、线性规划法等[127]。

（1）模式搜索法

1959 年，达维多（Davidon）提出了模式搜索法的前身坐标搜索法[127]。1961 年，胡克（R.Hooke）和吉福斯（T. A. Jeeves）对坐标搜索法进行了优化和完善，其优化主要集中于对步长的改进，迭代时，只要找到比当前更好的点，就将步长做递增处理，并以该点作为下次迭代的起始点，从而加速算法收敛，并将其命名为"模式搜索算法"[128]，其适于解决不连续函数或可微分函数的优化问题。应用模式搜索算法求解多目标优化设计问题时，首先需计算初始迭代点的目标函数值 $f(x_i)$，然后以初始迭代坐标点为中心点，计算沿着坐标方向的 2n 个试探点目标函数值，如式：

$$f(x_{i+V(j)*L}),\ j \in (1,\ 2 \cdots 2N)$$；其中，L 表示算法中应用的步长。

随后，分析所求得的目标函数值中，是否有某点的目标函数值比前述目标函数值更优，有则结束搜索，无则调整步长，展开下一轮搜索；重复上述操作，至达到终止条件时停止运算，其终止条件可以是迭代次数限值或误差小于预设值等。

（2）线性规划法

线性规划法由列奥尼德·康托罗维奇（Leonid Kantorovich）于1939 年提出，其广泛应用于可再生系统标准制定和优化设计[129]。乔治·丹齐格（George Dantzig）在此基础上将线性规划法进一步发展[130]。

2）启发式算法（Heuristic Algorithm）

启发式算法是基于经验建立的算法，在具有可行性的计算时间和空间内搜索出待解决优化问题的可行解，且可行解与最优解的偏离程度存在不确定性。既有启发式算法多借鉴、模仿自然系统运行原理，如和声搜索算法（Harmony Search）、粒子群优化算法（Particle Swarm Optimization）、蚁群优化算法（Ant Colony Optimization）、进化算法（Evolutionary Algorithm，EAS）等，其中尤以进化算法应用最为广泛。

（1）进化算法

进化算法经过数十年的发展演化，衍生出遗传算法（Genetic Algorithms，GA）、进化规划（Evolutionary Programming，EP）、进化策略（Evolution Strategies，ES）、遗传规划（Genetic Programming，GP）等算法[131]。尽管这些算法在遗传基因表达方式、交叉和变异算子类型与运算方式、特殊算子引用等方面有一定差异，但其都是对自然生物种群进化机理的借鉴和模仿。相比其他优化算法，进化计算具有更高的鲁棒性和更广的适用性，是具有自组织、自适应、自学习特征的全局优化方法[132]。建筑领域的很多优化设计问题都呈现出高度的非线性、不连续性特征，适于采用进化算法展开求解。

①遗传算法

遗传算法是进化算法的一种，其广泛应用于计算机科学和运筹学优化问题求解过程中。遗传算法由密歇根大学的约翰·霍兰德教授于20世纪60年代提出[133]。在20世纪80年代中期之前，对于遗传算法的研究还多限于理论方面。随着计算机算力的发展，遗传算法逐渐应用于多目标优化问题求解实践，广泛应用于时间规划、数据分析、未来趋势预测等方面。

②进化策略算法

1963年，德国柏林技术大学的雷兴贝格（I. Rechenberg）借鉴自然突变与选择的生物进化机理，研发了进化策略算法，并将其应用于风洞实验中，旨在求解流体最优外部形态，并在风洞中计算其优化后的适应值。

③进化规划算法

进化规划是劳伦斯·福格尔（L. J. Fogel）在20世纪60年代提出的一种进化算法。进化规划同进化策略类似，适用于解决目标函数或约束条件不可微的复杂非线性实值连续优化问题[134]。原理上，进化规划与进化策略具有相似性，但进化策略中的重组算子在进化过程中扮演了重要角色，而进化规划算法中不采用交叉操作，父代种群个体仅通过变异操作得到子代种群个体。且当获得的解集越来越逼近最优解时，变异程度越来越小。

④遗传规划算法

遗传规划（GP）与遗传算法关系密切。遗传规划将不同领域的优化问题归纳为搜索满足预定约束，即在可能的解空间中寻找相对最优解的计算机程序[135]。1989年，美国斯坦佛大学的柯扎（Koza）根据自然选择原理提出应用层次化计算机程序来描述优化问题的遗传规划算法，并于1992年在《遗传规划——应用自然选择法则的计算机程序设计》一书中全面介绍了遗传规划的原理及其应用实例[136]，又在《遗传规划Ⅱ：可再用程序的自动发现》一书中提出了自动定义函数概念[137]。1999年又在《遗传规划Ⅲ：达尔文创造和问题求解》一书中提出了结构改变算子，其是一组控制子程序、迭代结构、递归式和内存的遗传算子，并探索了遗传规划在模拟电子电路自动合成中的应用[138]。

遗传规划作为一种关于产生问题解的计算机程序或者其他复杂结构的自动方法，被成功应用于自动设计、模式识别、机器人控制、神经网络结构的合成、符号回归、音乐和图像产生等难题中[139]。

⑤ MOGA、NSGA、NPGA 和 SPEA

在建筑参数化设计中，建筑性能的差异化要求对优化设计方法提出了新的挑战，如建筑在寻求冬季日照辐射量最大的同时，容易导致夏季日照辐射量和制冷能耗的增加；为降低冬季采暖能耗而减小窗墙比，也会导致建筑室内自然采光性能的下降[140]。为缓解建筑多性能之间的冲突，多目标优化算法被广泛应用，主要应用的算法包括 MOGA、NSGA、SPEA 等算法。

卡洛斯·丰塞卡（Carlos Fonseca）和皮特·弗莱明（Peter

Flemming）提出了多目标遗传算法（Multiple Objective Genetic Algorithm，MOGA）[141]；斯里尼瓦斯（Srinivas）和德布（Deb）在 1994 年提出了非劣分类遗传算法（Nondominated Sorting Genetic Algorithm，NSGA）[142]。NSGA 和 MOGA 在排序方式上具有相同的机制，即依据个体的支配情况进行排序，并基于排序后的个体，对非劣解进行赋值，即适应度值。值得注意的是，适应度值是假想的极大值，以保证其为非劣前端，也能保证各个体在复制过程中具有相同的机会。

NSGA 算法在随后被不断改进，其中尤以精英保留策略的引入最为明显，通过在非劣解前端采用更优的记账策略，从而获得应对密度估计和拥挤度比较方面的优势，其流程如图 5-2 所示。

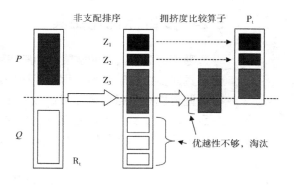

非支配排序　　　拥挤度比较算子　　P_t

Z_1　Z_2　Z_3

优越性不够，淘汰

P　Q　R_t

图 5-2　精英保留策略的执行过程[143]

另有学者提出了小生境 Pareto 遗传算法（Niched Pareto Genetic Algorithm，NPGA）[144]，拓展了多目标优化算法的选择机制和适应度赋值方法。还有学者提出了强度 Pareto 进化算法（Strength Pareto Evolutionary Algorithm，SPEA）[145]，其适应度分配依靠非支配解集，其他支配解互不相关。外部非支配解集合中的所有解都参与选择，提高了优化设计过程中对种群多样性的保持能力。

（2）和声搜索算法

和声搜索（Harmony Search，HS）算法是 2001 年韩国学者金宗武（Geem ZW）提出的智能优化算法[146]。该算法源自音乐创作，音乐创作过程中乐师们凭借记忆与自己的专业知识对各种乐器给出调整意见，这一过程反复进行，直至获得完美的和声演奏效果，该过程启发了金宗武展开和声搜索算法研究。

（3）粒子群优化算法

粒子群优化（Particle Swarm Optimization，PSO）又称微粒群算法，是由詹姆士·肯尼迪（J. Kennedy）和拉塞尔·埃伯哈特（R. C. Eberhart）等[147]于 1995 年开发的一种演化计算技术，它源于对简化社会模型的模拟。其中，"粒子"是一个折衷概念，因为需要将群体中的成员描述为没有质量、没有体积的，同时还需要描述其速度和加速状态。

（4）蚁群算法

蚁群算法是用来寻找优化路径的概率型算法，其由意大利学者多里戈

（Marco Dorigo）于 1992 年提出，其灵感来源于蚂蚁在寻找食物过程中的路径发现行为[148]。这种算法具有分布计算、信息正反馈和启发式搜索特征[149]。

应用蚁群算法求解优化问题的原理是以蚂蚁行走路径来表示待优化问题可行解，而蚂蚁群体的所有路径也就构成了待优化问题的解空间；路径较短的蚂蚁所释放的信息素的量较大，随着时间推进，较短的路径上累积的信息素浓度会逐渐增高，选择该路径的蚂蚁个体数也愈来愈多；最终，整个蚂蚁会在正反馈的作用下集中到最佳路径上，从而获得待优化问题的最优解[150]。

5.2　多目标优化工具

随着计算机科学的发展与用户使用体验度优化需求的提高，多目标优化工具逐步由数学模型和程序代码发展为具有友好用户界面的软件工具，其可显著提高多目标优化设计效率和精度，改善用户体验。经多年发展，多目标优化工具体系日益完善，其中尤以 Octopus、Matlab 遗传优化工具箱应用最为广泛（表 5-1）。

优化工具对比表　　　　　　　　　　　　　　　　　　　　　表 5-1

目标	工具名称	概述
单目标	GenOpt	2004 年，美国劳伦斯伯克利国家实验室基于 JAVA 开发了 GenOpt，其可与任何支持文本输入输出的模拟程序整合
	Galapagos	2011 年，David Rutten 开发了 Galapagos，其基于 Grasshopper 平台展开优化，具有友好的人机交互界面
多目标	Matlab 遗传算法优化工具箱	Matlab 优化工具箱支撑多类型优化算法，适用于多样化的建筑优化问题，应用较为广泛
	Octopus	Octopus 基于 Grasshopper 平台，可承载多类型进化算法展开多目标优化问题求解
	modeFRONTIER	modeFRONTIER 由 ESTECO 开发，是基于遗传算法的多目标优化工具
	MultiOpt	MultiOpt 是 Chantrelle 等基于遗传算法开发的优化设计工具，其可与 TRNSYS 模拟工具协同运行

5.2.1　Octopus

1）Octopus 概述

Octopus 是一款由奥地利维也纳应用艺术大学与德国 Bollinger+ Grohmann 建筑结构事务所共同开发的多目标优化工具，其结合了帕累托最优原理与进化算法，可同时优化建筑多性能目标，获得权衡建筑多性能目标的相对最优解集。应用该工具，设计者可自定义优化目标数量，通过图形化人机交互界面展开多目标优化[151]。

2）Octopus 操作界面

与单目标优化工具 Galapagos 类似，Octopus 优化工具有"G"与"O"两个接口，可将其理解为"输入端"与"输出端"，其由输入端与多目标优化设计参量连接，由输出端与建筑优化设计目标连接（图 5-3）。与Galapagos 不同的是，Octopus 的"输入端"（优化设计参量）与"输出端"（优化设计目标）都可以连接多项数据。

Octopus 作为多目标优化工具，其能对得出的非支配解集进行排序，并将排序结果以直观的图形化方式呈现给设计者。设计者可在反馈的非支配解集内，基于各非支配解性能目标水平，结合建筑美学品质、建筑造价成本控制等需求来确定所选用的设计方案。Octopus 可采用三维方式对优化得出的非支配解集进行排序（图 5-3），并支持设计者对排序结果的旋转、平移及缩放等视图操作。相比既有优化工具以二维拟合图描述多性能目标非支配解集排序结果的方式，Octopus 能够更直观、更清晰地向设计者呈现非支配解集中，不同优化设计非支配解对各项性能的响应程度和效果，能够显著提高建筑非支配解筛选的精度和效率[152]。

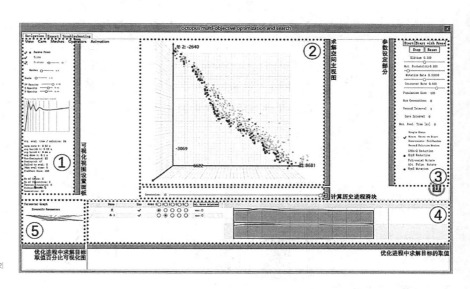

图 5-3　Octopus 工具界面[152]

3）Octopus 优化参数

图 5-3 中③所标识区域即为优化参数设定部分，其中 Elitism 代表精英解的占比，该参数控制着可以保留到下一代的基因个体数目，该值越高，则代表局部最优解产生的概率越大。Mut.Probability 表示基因个体发生突变的比例，其决定了运算进行的程度及运算的收敛速度，该数值过大可能会导致运算时间过长，也会更易导致最优解的丢失，然而其过小又会增大优化陷入局部最优的可能[152]；Mutation Rate 参数则控制着基因突变的程度，其值越高代表基因突变的发生概率越高；Crossover Rate 为基因发生交叉的概率，是两代基因互相交换的概率，其值设置一般高于变异率；Population Size 是初始种群的数量，需根据优化问题中的解空间规模来

设定，其数值过大会导致运算时间过长，而过小则会影响对设计可能性的探索广度；Max Generations 是用来控制运算终止代数的参数，其默认值为 0，代表运算会一直进行，直到手动停止；Mini Rhino on Start 是开始运算后最小化运算界面的选项。

4）Octopus 特点

Octopus 可针对多建筑性能适应度函数进行优化，并能以三维形态展现优化设计获得的非支配解集[152]。Octopus 能够承载进化算法，推动优化设计问题相应的非支配解由离散状态逐渐向集中的前缘曲面演化。在展开多目标优化时，可在搜索过程中选择更好的解决方案，在搜索过程中更改目标，通过相似解改进建筑优化设计方案，并保存优化历史记录等[153]。Octopus 中的遗传策略及进化参数等可自定义设定[154]。相比 Galapagos，Octopus 除"多优化目标"的优势外，其界面可视化程度及用户图形交互程度更高，非支配解集的三维显示可根据不同操作者需求灵活改变优化组合的结果，供设计者选择。

5）Octopus 应用实例

BIG 建筑事务所综合应用 Octopus 优化工具和建筑性能参数化模拟工具，融合 SPEA-2 和 HypE 算法，对建筑围护结构中的幕墙设计参量进行了进化搜索，并根据帕伦托排序结果展开了优化设计。该实践应用中，在 Grasshopper 平台下，通过可视化脚本编程探索了不同的设计参量数值对于建筑性能的影响。最后，通过多目标优化设计，对建筑表皮形态设计参量展开优化，图 5-4 是优化得出的建筑幕墙系统[154]。

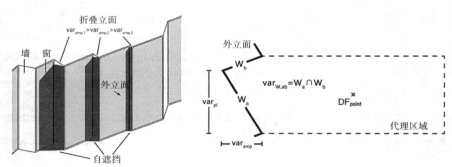

图 5-4　折叠设计概念示意图[154]

设计者首先提出了建筑表皮形态初始形态，以 $var_{amp(1-3)}$、$var_{pl(1-3)}$、var_{blend} 为建筑设计参量。其中，$var_{amp(1-3)}$ 影响着三个立面的形态；$var_{pl(1-3)}$ 控制了每个立面表皮的垂直维度变化；而 var_{blend} 则负责调整立面之间折叠的"混合效果"，图 5-5 显示了各种参数的变化[154]。

图 5-6 为优化设计过程得出的非支配解集，其展现了四项建筑性能目标导向下的建筑非支配解集分布情况，其中绿色点非支配解代表的是具有较好热负荷性能的建筑设计方案；红色点代表的是热负荷性能较差的建筑设计方案；而非支配解集的日照辐射利用性能、能耗和成本性能都可在相应的坐标轴向进行比较。图中灰色的盒子是第 1-31 代迭代计算中获得的建筑设计

1.
变量变化
var_{amp}

固定的变量：
$var_{pl(1-3)}$ 0.5
var_{blend} 0.5
开放变量：

变量变化
var_{pl}

固定的变量：
$var_{amp(1-3)}$ 0.5
var_{blend} 0.5
开放变量：

变量变化
var_{blend}

固定的变量：
$var_{amp(1-3)}$ 1.0
$var_{pl(1-3)}$ 0.5
开放变量：

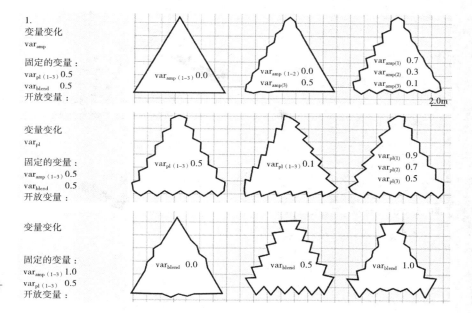

图 5-5 建筑表皮优化设计参量[154]

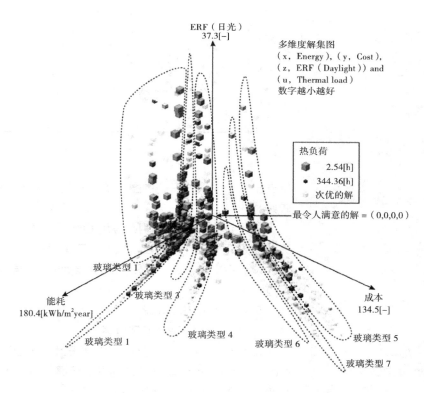

图 5-6 优化设计过程得到的非支配解集[154]

解集。从图中可以看出，非支配解集在原点附近的分布较为密集[154]。

当我们更具体地研究非支配解集分布情况（图5-7）时，可以看到更多的建筑设计方案可能性[154]。当对7个被选择的建筑多目标优化设计非支配解进行成本收益分析时，投资成本与运行成本是常需权衡的建筑性能设计目标。图5-8揭示了成本和全年建筑能耗的负相关权衡需求。设计者

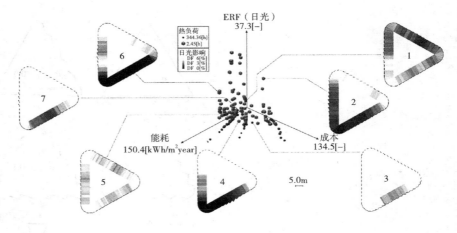

图 5-7　在优化得出的非支配
解集中进行设计方案筛选[154]

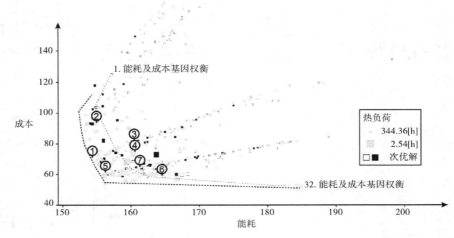

图 5-8　能耗、成本和热负荷
性能目标权衡[154]

筛选出 7 个解决方案，由图可知 5 号建筑设计方案在性能权衡方面的表现
较好[154]。

　　由上述案例分析表明，应用 Octopus 建筑多目标优化设计工具，可
充分探索建筑设计可能性，权衡具有负相关关系的建筑多性能目标，并能
够为设计者提供清晰、直观的建筑设计非支配解集，支持建筑设计决策制
定过程。

5.2.2　modeFRONTIER

1）modeFRONTIER 概述

modeFRONTIER 是由意大利 Esteco 公司开发的多目标优化工具。
modeFRONTIER 基于改进的多目标遗传算法 MOGA II 展开计算，是应
用较为广泛的建筑多目标优化设计工具。

2）modeFRONTIER 操作界面

modeFRONTIER 主要的操作界面如图 5-9 所示，其中区域 1 是关
于计算模式显示状况的操作选项；区域 2 为 modeFRONTIER 操作提供
所需的模块库，设计者可在其中找到所需模块；区域 3 是关于编程的主要
操作界面；区域 4 有 6 个方面的内容，包括输入变量、输出变量、目标、

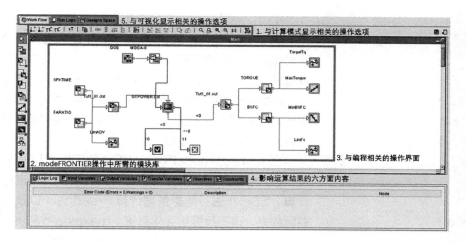

图5-9 modeFrontier 操作
界面[155]

图5-10 modeFRONTIER 计
算界面 Run logs 及其 Design
space 分析界面[155]

约束条件等。如图 5-9 所示，区域 5 是关于运算的可视化部分的显示模式，显示的计算模式即是当前窗口。

图 5-10 是 modeFRONTIER 的当前计算进程显示界面 Run logs 及其计算结果的分析界面 Design space。

3）modeFRONTIER 特点

modeFRONTIER 基于 java 语言开发，支持多种计算机语言的交互（如 C++ 等），使得多平台相互协同工作成为可能，其有多个接口，包括 ABAQUS、ANSYS、Matlab 等常用软件。在此基础上其与用户的交互性也成为该软件的优势之一，直观简洁的操作界面降低了使用者的操作难度。在优化运算方面，其优化了曲面的计算模式，提高了曲面计算效率，也可以承担更为复杂的计算任务。modeFRONTIER 凭借其所包含的最新、最优、最高效的优化方法和对优化结果评定、数据后处理等功能及友好的界面，在优化软件领域中脱颖而出，成为功能强大，用户较多，应用领域较为广泛的设计软件[156]。这个平台的优势主要在于它的工作接口、算法的可变选择和与其他仿真工具相结合的便捷性[157]。

4）modeFRONTIER 应用实例

有学者曾应用 modeFRONTIER 针对南向办公空间的遮阳构件进行了优化设计。在建筑节能设计目标导向下，对办公空间遮阳构件形态设计参量进行优化，选择相对最优的建筑遮阳设计方案（图 5-11）[157]。

modeFRONTIER 允许设计者选择不同的优化算法，可按照逻辑序列，实现输入变量、约束条件、计算节点、应用程序节点、输出变量和优化设计目标等数据节点的整合。

图 5-12 为 modeFRONTIER 的工作流程，其由 radfile 和 geomsill 输入设计参量；整个优化设计流程由 DAYSIM 进行人工照明及太阳辐射计算，ESP-r 进行阴影数据计算，readgain 以及 readloads 负责读取其能耗数据，进而反馈给优化系统；maxextern 和 minheight 负责优化系统中对于约束条件的设置，在实践案例中其分别约束着遮阳系统的水平尺度及使用者被遮阳装置遮挡视线的程度；最后开始优化计算，设置种群个体为 16，迭代次数为 100 代[157]。

图 5-13 展示了实践案例建筑能耗导向下的遮阳面板宽度及其倾斜角度优化设计过程。优化结果表明：Qp 越高，遮阳装置尺寸越小。建筑节能目标函数导向下的面板宽度、倾斜角度等参量优化设计探索，也提示了该算法是如何收敛得到最优解的过程。由图可知，在经过多次迭代之后，优化结果日益趋近最优解[157]。

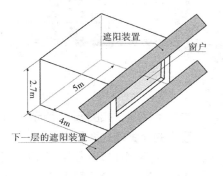

图 5-11　拟优化的办公空间
遮阳装置 [157]

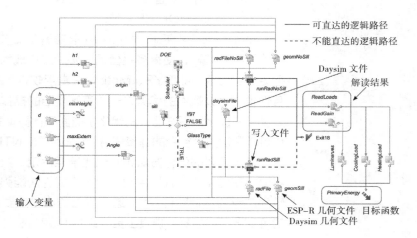

图 5-12　modeFRONTIER
工作流程 [157]

118　建筑参数化设计

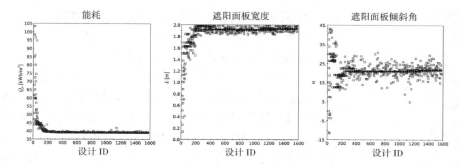

图 5-13　基于 modeFRO-NTIER 的优化设计结果 [157]

5.2.3　Matlab 优化工具箱

1）Matlab 优化工具箱概述

Matlab 有专门为了优化而设计的工具箱，可支持多项启发式优化算法其操作界面如图 5-14。在比较完善的多目标优化设计工具出现前，Matlab 是应用最为广泛的建筑多目标优化设计工具。同时，应用 Matlab 展开多目标优化设计，可便捷地调用 Matlab 的相关函数，其在数据呈现和分析中表现出显著的优势 [158]。

Matlab 平台中的优化工具箱是面向最优化问题求解而研发的，可展开线性规划、二次规划、非线性规划、最小二乘问题、非线性方程求解、多目标优化、最小最大问题以及半无限等问题的求解 [158]，可同时支持单目标优化及多目标优化。其所涵盖的丰富的优化算法及算法参数的自定义设置等功能，使得 Matlab 具有较高的灵活性及适应性。

2）Matlab 优化工具箱运算功能

依托 Matlab 优化工具箱展开优化计算时，设计者依次进行初始种群创建，评价函数设定，遗传优化计算，非支配解集分析等工作。Matlab 优化工具箱涵盖了相关函数的主要数学模型，如需进行自定义设定，可通过参数化编程进行运算函数的自定义。

3）Matlab 优化工具箱特点

Matlab 因界面简洁直观、易学易用而得到青睐。其具有以下特点：首先，从用户体验角度来讲，Matlab 编程效率较高，设置方式多样，其丰富的函数库降低了非数学专业人员的使用门槛，而其基于计算机语言（C 语言等）对函数定义的方式也具有更强的适应性。

在软件运算能力方面，Matlab 具有高效的矩阵运算能力，不需要定义

图 5-14　MATLAB 操作界面

数组的维数就可以给出矩阵函数，这种功能在求解信号处理、控制等领域具有重要作用[159]。在此基础上，Matlab 还具有强大的绘图功能，用户可以根据自身需求调用相应的绘图函数。

同时，Matlab 也存在缺点，比如对于非线性、多参数、多峰优化问题的处理过程计算速度仍待提高，也易陷入局部最优解，导致初始点的选取对优化结果具有很大影响，要求设计者具有较为丰富的优化问题求解经验。

4）Matlab 优化工具箱应用实例

有学者应用 Matlab 优化工具箱，通过整合多目标优化与参数化模拟技术，展开了建筑节能和室内热舒适性能导向下的建筑多目标优化设计研究。在案例实践中，设计者通过编写接口程序，实现了 Matlab 平台与性能模拟工具 EnergyPlus 的数据交互与协同工作。

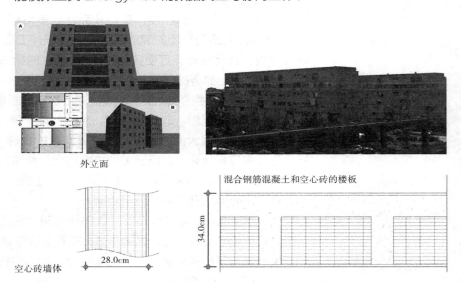

图 5-15 案例实践建筑[160]

实践案例是位于意大利的某混凝土结构六层居住建筑，其形态如图 5-15 所示。设计者根据建筑特点，选取保温层厚度、窗户类型、采暖及制冷系统等对现有建筑能耗和热舒适性能具有显著性能影响的建筑设计参量作为优化参量，以采暖及制冷能耗、热舒适、造价为优化设计目标函数。应用 NSGA-II 算法进行遗传优化，以 EnergyPlus 评价目标函数（图 5-16）。优化设计过程中，优化设计参量数据组将自动转换成 EnergyPlus 建筑能耗与热舒适性能仿真平台的输入文件（.idf），并将 EnergyPlus（.csv）的输出文件转换为目标向量 f，以解决 MatLab 与 EnergyPlus 两个平台间的协同运算问题。

图 5-17 所示为优化设计结果，图中"最佳"解决方案参照各成本预算水平来分别比较和标记。相比优化前的建筑设计方案，优化后得到的方案能耗和热舒适性能均有所改善，说明从能源需求和热舒适的角度考虑，既有建筑设计方案仍有改进的空间，也表明相比既有多方案比较法，应用多目标优化设计方法能够探索更广的建筑设计可能性，有利于进一步改善建筑性能水平。

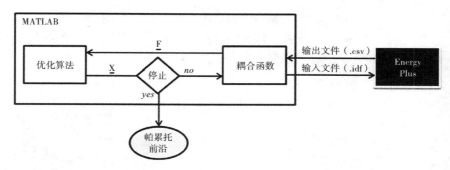

图 5-16 MatLab 和 Energy Plus 的协同运行方案 [160]

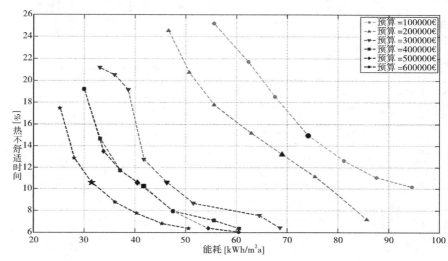

图 5-17 6 种预算的帕累托前沿解 [160]

5.3 多目标优化实例

5.3.1 建筑尺度多目标优化设计实例

下文应用笔者开发的 GANN-BIM 设计平台展开严寒地区办公建筑多目标优化设计。项目基地位于严寒地区哈尔滨市松北区（图 5-18）。该办公楼总建筑面积为 3200m²，上下浮动不超过 5%，建筑层数为 4 层，建筑高度不超过 24m。

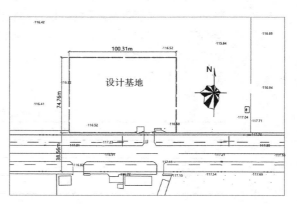

图 5-18 案例设计项目基地 [12]

案例建筑初始方案如图5-19所示。案例实践中，设计者选取建筑朝向、层高、进深缩放系数、各朝向窗墙比和窗高共11项参量作为建筑优化设计参量（表5-2）。

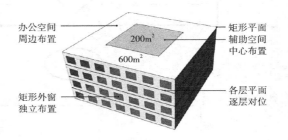

图5-19　设计策略生成的初步形态[12]

建筑形态设计参量类型[12]　　　　　　　　　　表5-2

设计参量序号	参量类型	参量名称	参量单位
1	建筑体型参量	建筑朝向	度
2		建筑层高	米
3		进深缩放系数	无单位
4	建筑外窗参量	南向窗墙比	无单位
5		北向窗墙比	无单位
6		东向窗墙比	无单位
7		西向窗墙比	无单位
8		南向建筑外窗高度	米
9		北向建筑外窗高度	米
10		东向建筑外窗高度	米
11		西向建筑外窗高度	米

值域约束条件针对建筑朝向、层高、进深缩放系数、各朝向窗墙比和窗高设定。研究结合对严寒地区办公建筑形态参数的抽样调查数据统计，对建筑设计参量步长和设计参量值域进行设定。对于建筑朝向，哈尔滨地区大多数办公建筑朝向均结合城市街道角度进行布置，但是由于项目用地相对充裕，具备对建筑朝向进行调整的余地。同时，朝向对于建筑能耗和光热性能有一定的敏感度，若朝向改变角度过小，往往无法引起建筑能耗和光热性能的明显变化，却会大幅度扩大解空间，影响建筑形态节能设计效率。因此，研究将建筑朝向设计参量步长设定为15°，值域设定为−30°至30°。规定当建筑形态围绕中心点逆时针旋转时，其朝向参数计为0°至30°，当建筑形态围绕中心点顺时针旋转时，其朝向参数计为−30°至0°（表5-3）。

建筑形态设计参量值域与步长[12]　　　　　　　　表5-3

参量名称	参数值域	模数	单位
建筑层高	3.6~4.2	0.3	米
建筑朝向	−30°~30°	15°	度
进深缩放系数	0.5~0.8	0.1	无

参量名称	参数值域	模数	单位
北向窗墙比	0.1~0.5	0.2	无
西向窗墙比	0.1~0.5	0.2	无
南向窗墙比	0.1~0.5	0.2	无
东向窗墙比	0.1~0.5	0.2	无
北向窗墙比	1.8~2.4	0.1	米
西向窗墙比	1.8~2.4	0.1	米
南向窗墙比	1.8~2.4	0.1	米
东向窗墙比	1.8~2.4	0.1	米

首先应用建筑环境信息模型集成实践案例所在地区的气候数据。建筑环境信息模型所集成的气候数据包括全年逐时干球温度、相对湿度、风速、风向、日照辐射强度等，涵盖了哈尔滨地区日照辐射环境、光环境、风环境和温湿度环境数据，如图 5-20。

同时，设计者对场地周边环境进行了建模，包括周边环境道路和建筑物。基于 GANN-BIM 平台建筑环境信息模型，设计者无需重新进行复杂的参数编程，通过调整建筑环境信息模型中的参数模块便能够生成约束条件限定下解空间内的所有建筑形态（图 5-21）。

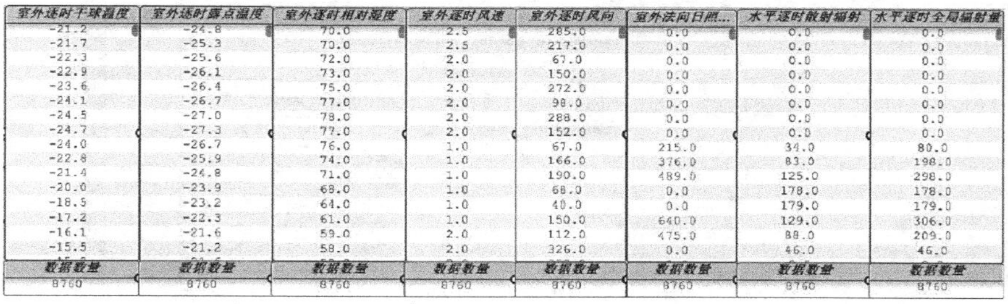

图 5-20 案例实践中集成的气候数据[12]

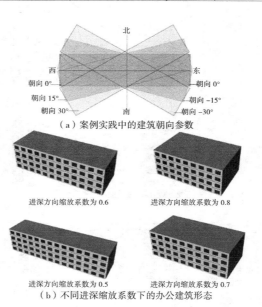

（a）案例实践中的建筑朝向参数

进深方向缩放系数为 0.6   进深方向缩放系数为 0.8

进深方向缩放系数为 0.5   进深方向缩放系数为 0.7

图 5-21 不同设计参量数值下的办公建筑形态[12]

（b）不同进深缩放系数下的办公建筑形态

由于建筑屋面、楼地面和建筑外窗在构造方面未选定具体构造形式，故通过设定热工系数的方式对案例实践中的屋面、楼地面和外窗构造进行限定，如图 5-22 所示，说明应用 GANN-BIM 建筑环境信息模型展开的建筑材料构造信息集成过程能够在设计前期，部分材料构造信息缺失的情况下，基于少数限定性指标对建筑围护结构信息进行集成。

建筑运行信息建模包含了实践案例中的空间占用率和设备使用时间表，以及建筑设备运行信息建模（图 5-23~ 图 5-25）。在能耗水平与热舒适性能模拟方面，研究按照各楼层和朝向，将拟建建筑划分为 20 个热区，每个热区内采用集中供暖系统进行采暖（图 5-26）。

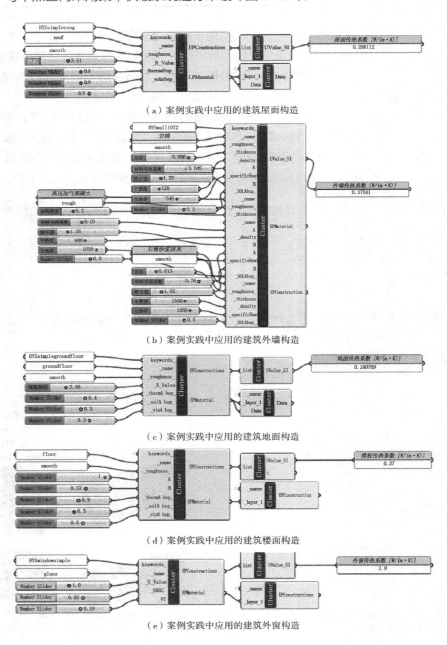

（a）案例实践中应用的建筑屋面构造

（b）案例实践中应用的建筑外墙构造

（c）案例实践中应用的建筑地面构造

（d）案例实践中应用的建筑楼面构造

图 5-22 案例实践中应用的建筑外墙、屋面、楼地面和外窗构造[12]

（e）案例实践中应用的建筑外窗构造

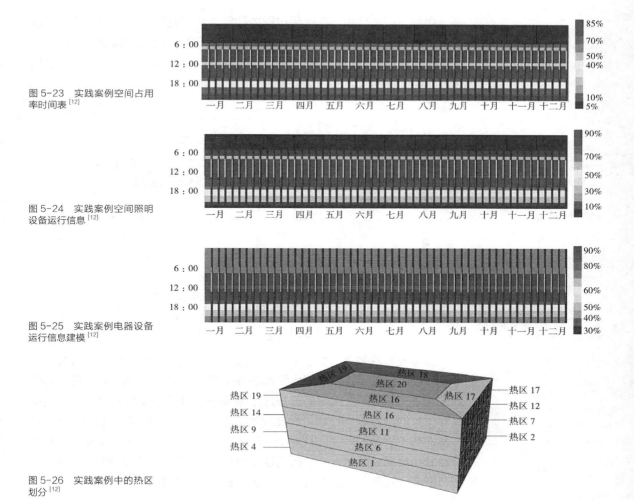

图 5-23 实践案例空间占用率时间表[12]

图 5-24 实践案例空间照明设备运行信息[12]

图 5-25 实践案例电器设备运行信息建模[12]

图 5-26 实践案例中的热区划分[12]

优化应用神经网络模型建构建筑形态与性能映射关系，旨在预测实践案例不同形态设计参数下的建筑能耗、热不舒适时间百分比、全天然采光百分比和有效天然采光照度百分比四项性能指标。设计神经网络结构，生成训练数据组，训练、校正和测试神经网络性能三方面共同构成了案例实践中形态与性能映射关系的建构过程，所建构神经网络模型如图 5-27 所示。

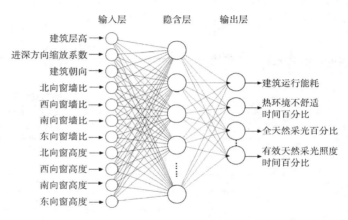

图 5-27 实践案例中建构的神经网络模型结构[12]

由图 5-28 可知，在优化过程中建筑能耗和光热性能均发生了大幅度改善。案例实践中，300 余代迭代计算生成 30000 余组建筑形态可行解。图中气泡包围的建筑形态可行解为非支配解，而浅灰色信息点则代表了优化过程中计算的未达成非支配条件的支配解。

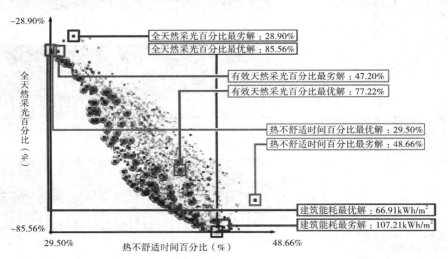

全天然采光百分比最劣解：28.90%
全天然采光百分比最优解：85.56%
有效天然采光百分比最劣解：47.20%
有效天然采光百分比最优解：77.22%
热不舒适时间百分比最优解：29.50%
热不舒适时间百分比最劣解：48.66%
建筑能耗最优解：66.91kWh/m²
建筑能耗最劣解：107.21kWh/m²

图 5-28　实践案例中的支配解与非支配解性能分布 [12]

从非支配解集中选取了 A、B、C、D 共 4 个非支配解（图 5-29），4 个非支配解的各项建筑性能水平如表 5-4 所示，其全天然采光百分比和有效天然采光照度百分比均高于 50%，说明在该 4 个非支配解中办公空间均具有良好的自然采光性能；而在能耗水平方面以非支配解 C 数值最低，C 方案的热不舒适时间百分比和 A、B 方案十分接近，且其有效天然采光照度百分比最高。因此，权衡各项性能目标，最终选择非支配解 C 为建筑形态节能设计方案。该信息点对应的建筑形态设计方案如图 5-30 所示。

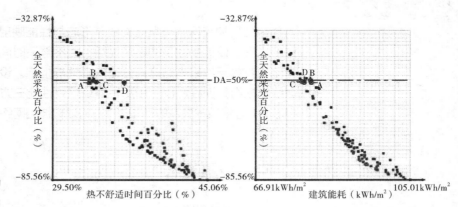

图 5-29　案例实践中选出的非支配解 [12]

案例实践中选出的非支配解性能数值 [12]　　　　　表 5-4

非支配解编号	建筑能耗（kWh/m²）	热不舒适时间百分比（%）	全天然采光百分比（%）	有效天然采光照度百分比（%）
A	80.60	33.21	51.09	52.64
B	80.45	33.55	50.45	54.05
C	78.39	33.88	50.80	65.95
D	78.88	36.69	51.04	64.37

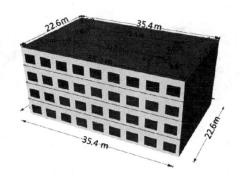

图 5-30　案例实践中选出的
非支配解建筑形态 [12]

5.3.2　城市尺度多目标优化设计实例

本小节在城市尺度下对高层办公建筑组群形态展开优化设计。不同于建筑尺度下的建筑多目标优化设计，日照辐射在影响办公建筑热环境中扮演了重要角色，其在建筑与环境之间的传热传质过程中发挥着重要影响。建筑群体形态高度、布局、朝向等对建筑组群日照辐射利用具有显著影响。因此城市尺度的优化设计对于城市热舒适环境的构建具有重要意义。

实践案例选取办公建筑日照辐射为优化设计目标。冬季时，应注重对日照辐射的利用以便降低建筑采暖能耗；夏季时，应注重对日照辐射的遮挡，以降低建筑夏季制冷能耗，提高办公空间舒适度。

建筑优化设计参量的选择需基于优化目标展开，设计者首先应分析优化目标与高层办公建筑组群形态之间的关系，选取的设计参量必须与优化目标具有一定的相关性，否则优化设计过程可能不收敛或耗时较长，无法及时为设计者提供设计决策支持。设计者选择了建筑间距、楼心连线与正东方向夹角、裙房层数、高层建筑塔楼层数、建筑组群沿 X 方向和 Y 方向位移距离、南向暴露系数、街道宽度等作为优化设计参量（表 5-5）。图 5-31 以建筑间距为例给出了优化设计参量对日照辐射的影响。

建筑组群形态优化设计参量 [161]　　　　　　表 5-5

参量序号	参量名称	参量单位
1	建筑间距	米
2	楼心连线与正东方向夹角	度
3	裙房层数	层
4	高层建筑塔楼层数	层
5	建筑组群沿 X 方向位移距离	米
6	建筑组群沿 Y 方向位移距离	米
7	南向暴露系数	比例系数，无量纲
8	街道宽度	米

为保证办公建筑组团形态优化设计结果满足经济要求，在确定优化目标和形态设计参量后，还需制定相应的约束条件。设定的约束条件主要是针对建筑形态设计参量展开的值域约束，这类约束条件将限定多目标建筑

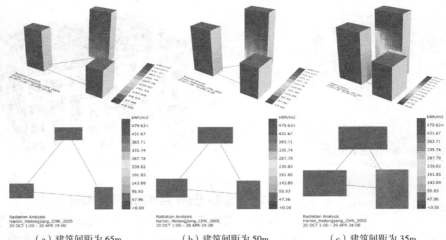

图 5-31 建筑间距变化引起的日照辐射变化 [161]

（a）建筑间距为 65m　　　　（b）建筑间距为 50m　　　　（c）建筑间距为 35m

形态优化设计流程中各项设计参量的参数取值范围。实践案例中，高层建筑之间的防火间距不小于 13m，高层建筑与多层裙房的防火间距不小于 9m（表 5-6）。

办公建筑形态设计参量数值约束条件 [161]　　　　表 5-6

参量名称	参数值域	模数	单位
华威 A 座沿花园街方向移动距离	−23~0	3.8	米
华威 A 座进深	19~37	3	米
华威 A 座朝向	0~45	3	度
华威 B 座沿建设街方向移动距离	−2~13	3	米
华威 B 座沿花园街方向移动距离	0~23	3	米
华威 B 座朝向	0~45	3	度
宏达大厦进深	25~39	2.8	米

在优化设计过程中，首先应用建筑环境信息模型集成案例所在地区的气候数据。案例实践中，采用中国标准年气候数据库（Chinese Standard Weather Data，CSWD）的哈尔滨地区数据。并且对场地周边环境进行了模型构建（图 5-32），包括周边环境和建筑物，周边环境主要包括地面、道路，主要模块如图 5-33 所示。

环境信息集成完成后，展开对建筑形态几何信息的集成。在规划建筑布局过程中，以单体建筑的位置作为设计参量。根据调研结果，需要综合考虑城市规划退线要求和办公建筑防火疏散要求。对于建筑形态几何信息的集成应用建筑环境信息模型，结合制定的约束条件进行建筑形态信息建模，并将 7 项办公建筑形态设计参量在建筑信息模型中设定为可调节参数模块。建筑形态几何信息集成的关键是达成优化设计参量及其约束条件的参数化转译。例如，本案例中需要对建筑是否跨越建筑红线、是否违反防火规范做出相应判定（图 5-34）。

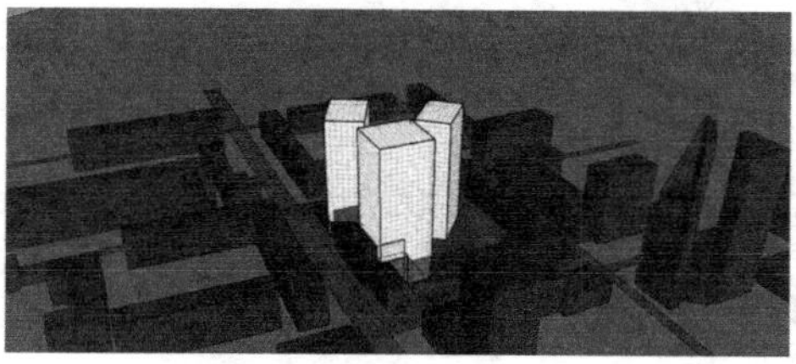

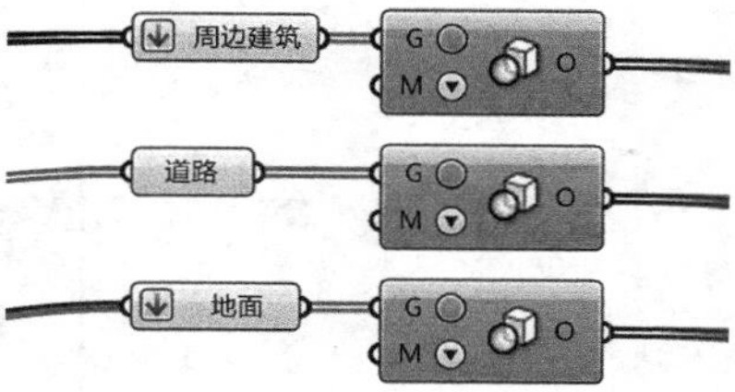

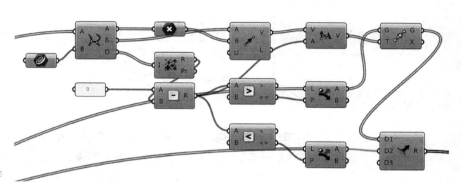

图 5-32 高层办公建筑参数
化模型[161]（左）
图 5-33 周边环境和建筑模
块[161]（右）

图 5-34 防火距离判定模块[161]

城市尺度下的办公建筑性能模拟将计算不同办公建筑形态布局下的性能目标。建筑环境信息模型基于数据接口模块，实现了建筑信息模型与建筑日照辐射模拟工具的数据交互。

本案例基于 Grasshopper 平台下的多目标优化模型对城市尺度下的建筑组群形态设计变量展开多目标优化。应用 HypE 算法驱动建筑组群形态多目标优化设计过程，种群数量设定为 100，采用精英保留策略，将保留概率参数设定为 0.5，将交叉概率参数设定为 0.800，变异概率设定为 0.1，变异速率则设定为 0.5。

设计者在设计之初就制定了相关的优化设计目标、设计变量和约束条件，这种工作流程有效提高了设计者对建筑优化设计方案可行性的探索能力，并大幅降低了建筑设计的工作量。但是，仍需分析多目标优化设计过程制定的设计决策对建筑性能的改善效果；判断优化设计结果是否权衡考虑了冬季日照辐射量和夏季日照辐射量；解析基于多目标优化搜索得出的非支配解集是否充分探索了解空间。

首先，我们来分析多目标优化设计过程制定的设计决策是否真正改善了建筑性能，以迭代计算代数为单位，从优化设计得到的最终非支配解集中分别回溯 4 代、8 代和 12 代计算得到的建筑组群形态可行解性能分布情况（图 5-35）。

回溯结果分析表明：回溯代数越小，优化过程所计算的建筑组群形态可行解集性能在整体上分布得越靠近坐标轴；当回溯 12 代时，计算得到的建筑组群形态可行解集性能分布更广泛，且多分布于距离坐标轴较远的区域。

随着回溯代数的减少，建筑组群形态可行解的性能水平逐渐向坐标轴靠近，提高冬季日照辐射利用能力的同时，改善其夏季日照辐射遮挡效果，

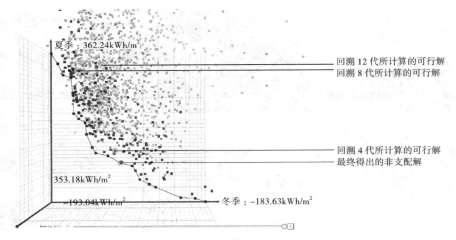

图5-35 案例实践中得出的
建筑非支配解集[161]

图中标注：
夏季：362.24kWh/m²
回溯12代所计算的可行解
回溯8代所计算的可行解
回溯4代所计算的可行解
最终得出的非支配解
353.18kWh/m²
193.04kWh/m²
冬季：-183.63kWh/m²

说明建筑组群形态可行解性能在多目标优化设计过程中逐步改善。当计算
至14代后可行解性能分布逐渐稳定下来，并日益接近理想性能水平。

随后，我们来分析一下优化设计结果是否权衡考虑了冬季日照辐射量
和夏季日照辐射量。研究将基于对各代计算所得的非支配解集演化情况的
分析，来验证多目标优化设计过程制定的设计决策能够在改善建筑性能的
同时，平衡冬季日照辐射量与夏季日照辐射量性能要求。分别将优化过程
在第2代、第6代、第10代和第14代迭代计算中求得的非支配解集抽
离出来进行比较分析（图5-36）。

相比第10代计算得出的非支配解集，图5-36（d）第14代迭代计
算得出的非支配解集中，冬夏两季日照辐射水平较优的非支配解数量相近，

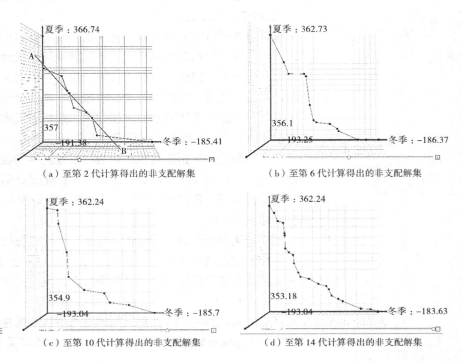

（a）至第2代计算得出的非支配解集

夏季：366.74
357
191.38
冬季：-185.41

（b）至第6代计算得出的非支配解集

夏季：362.73
356.1
193.25
冬季：-186.37

（c）至第10代计算得出的非支配解集

夏季：362.24
354.9
-193.04
冬季：-185.7

（d）至第14代计算得出的非支配解集

夏季：362.24
353.18
193.04
冬季：-183.63

图5-36 不同迭代数下的非
支配解集[161]

且前缘曲线中心部位的非支配解向夏冬季日照辐射水平的有利方向偏移，说明优化过程中平台能够动态调整不同性能偏向的非支配解数量，从而保证最终设计结果对处于两个坐标轴上的目标进行均衡回应。可见，对于复合建筑性能设计目标要求下的优化设计问题，遗传优化模型制定的设计决策能够基于各项性能目标对建筑布局形态的不同要求，权衡考虑不同建筑性能之间的负相关关系，计算得出对多种性能目标均衡回应的建筑组群形态设计方案。

最后，我们来分析基于多目标优化搜索得出的非支配解集是否充分探索了解空间。为计算冬夏季日照辐射得热量在建筑组群形态可行解集可能达到的极限值，应用 Galapagos 插件，分别以冬季日照辐射量和夏季日照辐射量为优化目标，应用遗传算法进行单目标优化，设置种群数量为 50 并展开计算。结果表明，冬季日照辐射水平能够达到的近似最大值为 191.70kWh/m^2，夏季日照辐射水平能够达到的近似最小值为 355.96kWh/m^2。可见，非支配解集计算得出的相对最优解，在数值上很接近该优化条件下所能得到的冬、夏季日照辐射性能极限值，考虑到非支配解集相对最优值是对多性能权衡的结果，可认为该优化过程已充分探索了解空间。

第6章 建筑方案参数化表达

　　设计者应用参数化技术不仅展开了多样化的建筑形态空间创作与建筑性能分析，也大幅拓展了建筑设计方案的表达方式。本章将从方案建模结果参数化表达、方案性能模拟结果参数化表达和方案优化解集参数化表达三方面来介绍。

6.1　方案建模结果的参数化表达

　　20世纪80年代，随着计算机辅助设计技术的普及，建筑行业逐步进入全面的数字化变革时代。方案建模结果的参数化表达广泛应用于建筑设计过程中。参数化表达的发展经历了从二维图纸到三维模型的历程，建筑方案参数化表达技术工具也经历了由单一工具向多工具协同的拓展过程。

6.1.1　建模结果参数化表达发展脉络

　　参数化表达是指通过图形驱动或尺寸驱动方式，在设计绘图状态下修改图形的过程。软件设计者为绘图及修改图形提供了参数化软件环境，工程设计与技术人员在此环境下绘制的任意图形均可被参数化编辑与交互，图中任何建筑参数的变化均可实现尺寸驱动，引起相关图形的改变。在建筑方案成果表达中，设计图纸作为建筑方案中最明确、简洁的表达方式，广泛应用于建筑设计的各阶段。建筑方案的参数化表达显著改善了设计者与业主的沟通效果，提高了建筑设计工作效率。参数化绘图主要包括程序参数化绘图与交互参数化绘图两类。

　　程序参数化绘图是指通过输入尺寸约束参数来绘制图形的过程。图6-1为程序参数化绘图示例。首先以图形模式为基本信息，定义其几何尺寸的约束参数，并进一步建立图示化语言与尺寸约束参数的关系式，以实现通过命令约束参数，调用绘图命令计算生成图形的目标（图6-2）。但是，程序参数化绘图的编程工作量较大，直观性较差，其实际应用常受到一定限制。

　　交互参数化绘图是指设计者直接在电子设备上手绘几何图形，再为绘制设计的草图赋予定量尺寸，即尺寸约束参数，从而自动生成符合尺寸要求的建筑图纸。相比于程序参数化绘图，此方法更为直观，设计效率更高，且设计者无需掌握编程技术，是参数化表达的主要发展方向之一。交互参数化绘图计算过程的基本原理类似于变量几何学（Variable Geometry），将平面各图元之间的数学逻辑转译为图元几何约束关系，实现各图元的数形协同。

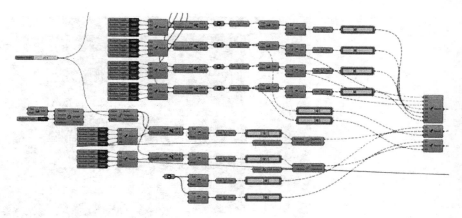

图 6-1　程序参数化绘图示例

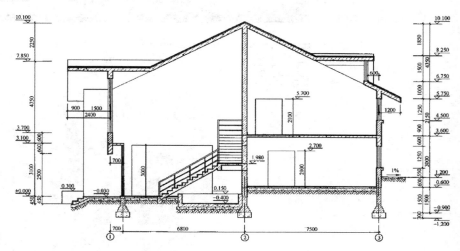

图 6-2　交互参数化绘图示例

还可通过结构约束，实现不同构造属性图元之间的协同。通过输入正确的几何约束和结构约束数据，设计者可应用数学求解法、作图规则匹配法、几何作图局部求解法等方法，实现交互参数化绘图，其中数学求解法是指交点坐标值等图形变量与尺寸约束变量间由数学模型控制的计算方法。数学模型包括了线性和非线性模型，可通过模型计算得到图形变量数值。

截至 1970 年代末，计算机辅助制图（Computer Aided Drawing，CAD）技术在建筑中的应用主要在于建筑图纸的二维参数化表达。此后，多个基于 CAD 技术的制图软件在建筑领域得到了广泛应用，包括早期的 CADAM 软件以及当前的主要软件平台 AutoCAD，CAD 技术在建筑设计表达中一直占较大比重（图 6-3）。建筑模型和图纸现已实现参数化表达，但模型与图纸间的转换与集成尚有一定难度。当设计者修改模型时，建筑图纸通常不能联动修改，设计者仍需手动修改建筑图纸，并协调建筑结构等其他相关专业。

近年来，建筑方案表达方式发生了根本性变革，工业设计中常用的三维建模软件被广泛应用于建筑方案形态空间与材料构造参数化表达中（图 6-4）。建筑方案表达正在从计算机辅助绘图向建筑环境信息建模转变。

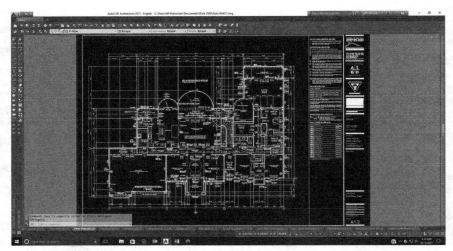

图 6-3 AutoCAD 工具界面

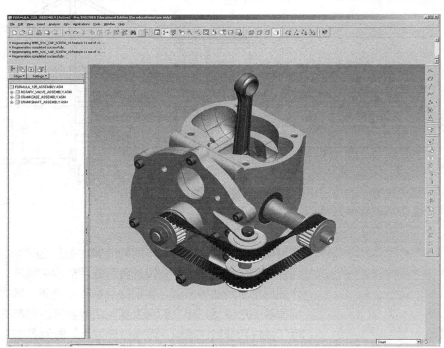

图 6-4 Pro/Engineer 工具界面

BIM 系统以参数化模型为基础，通过参数化编程定义模型中的组件关系，整合建筑各阶段的形态、材料、构造信息，并逐渐拓展至建筑结构、设备等多学科数据，成为建筑全生命周期数据管理的重要方法。

随着人工智能的发展，几何推理法被用于方案图纸的参数化表达。几何推理法可基于专家系统，通过推理机制优化建筑形态空间细节，修改建筑设计方案，并检验约束模型的合理性，但其系统庞大且对递归约束无法处理。设计者可在数据结构中加入拓扑信息，通过参数化程序引导，实现基于几何约束的建筑形态空间设计。

可见，建筑方案的参数化表达方法受到产业需求与技术发展的综合推动，其将随着建筑产业的工业化转型与信息化升级不断革新。

6.1.2 建模结果参数化表达技术工具

建筑方案设计参数化模型能够全面、可靠、高质量、多信息协同地承载建筑与环境信息，选择合适的建模工具、综合应用多类型建模工具，可显著提高参数化表达效率。不同建模工具的建模逻辑存在差异，建筑参数化建模表达工具可分为单一建模技术工具和复合建模技术工具。

1）单一建模技术与工具

（1）SketchUp

SketchUp 是面向建筑方案创作阶段的建模工具（图 6-5），适合进行标准形态的建筑形态空间设计方案表达，因其软件操作简单、易于使用而广受欢迎。

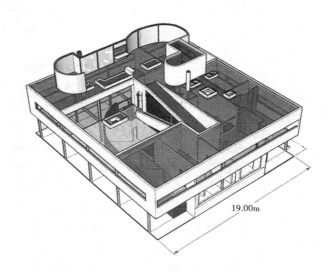

19.00m

图 6-5　SktechUp 模型 [162]

（2）Rhino

Rhino 建模工具由美国 Robert McNeel & Assoc 公司开发，具有较高的兼容性，能够整合 3ds MAX 和 Softmage 模型，可输出 obj、DXF、3dm 等多类型数据文件。同时，基于 NURBS 算法，其能够建构、表达复杂、非线性且高精细度的建筑形态空间信息。因此，Rhino 已日益广泛地应用于交通建筑、体育建筑、展览建筑等大型建筑创作中。

Rhino 不仅适用于建筑方案创作阶段，还适于从方案创作初期到建筑施工图设计的多阶段建筑方案表达。Rhino 的命令行输入方式与 CAD 软件工具相同，可进行二维与三维建模，并具有多种复杂建筑形态建模能力，可建构多类型函数曲线和曲面。

Rhino 还具有强大的插件扩展功能，针对设计者在方案创作各个阶段的特定需求提供足够的三维建模技术支持。其中，Grasshopper（GH）插件通过设计程序生成，可为建筑设计过程提供有力的可视化数据编程支撑，已广泛应用于建筑方案形态空间的参数化表达。不同于既有编程建模工具，GH 无需设计者掌握专业的程序语言知识，通过可视化编程即可获得建筑设计参数化模型，且能够直接导出 AutoCAD 文件，增强了与其他建模平台的数据交互能力，降低了建筑设计过程中的数据交互耗时。GH为可视化建筑方案设计程序参数化表达工具，可完整记录建筑全生命周期内的多类型数据。GH能基于初始建筑模型，建立建筑形态与空间生成逻辑，通过改变生成逻辑及其参量来进行建筑设计方案修改。在GH中，Rhino的曲线绘制、线条控制点改变、线条及曲面阵列等手动模型建构方法被转换为程序控制与建构逻辑设计。目前，GH插件在建筑设计中多用于设计建筑表皮、建构复杂曲面造型。中钢国际、银河SOHO等建筑设计项目均采用了GH作为方案参数化表达工具。

下面以建筑双层网壳结构建模为例，阐述应用GH展开建筑方案形态空间参数化表达的过程。双层网壳结构的模型建构较为复杂，既有模型建构方法需协同应用编程软件与AutoCAD平台展开，建模耗时久、工作效率低。基于Rhino平台的GH工具则可高效率地建构双层网壳结构程序，如图6-6所示。

建模程序界面分为Part A，Part B与Part C三个部分（图6-7）。此程序可依据设计者自定义的网壳高度自动划分网格，计算下弦节点并生成杆件。运算器编号包括用户输入与自动计算，用户输入编号为U1~U4，自动计算编号为C1~C38。用户输入部分可通过两种路径输入数据：通过运算器面板控制运算器，或双击程序的背景界面进入运算器名称编辑对话框输入数据。不同版本GH的操作流程与界面稍有不同，但基本类似。Part A、B和C各分区的功能各不相同，且具有不同的计算流程。

Part A中U1~U4为用户输入数据，C1~C3、C13~C17为自动计算的数据。U1为曲面选择输入，U2和U3为网格划分输入，U4为网壳结构的高度输入。用户输入部分的操作流程为：右键单击U1运算器选择曲面，可调整U2、U3和U4控制条分别输入横纵两方向网格划分及网格高度。Part A的C区运算器功能各不相同。C1、C2和C3计算上弦曲面网格，C1计算子网格并结合母网格输入C2从而进行细分，C3提取细分结果的各角点。C13~C17计算下弦曲面网格，C13在上弦网格确定后，通过偏移网架高度生成下弦网格曲面，过程与上弦网格生成类似，生成曲

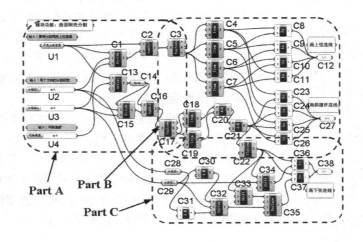

图6-6 标识运算器编号的程序界面[163]

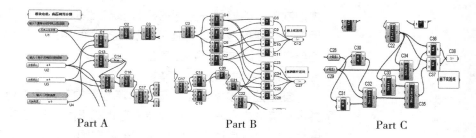

图6-7 程序界面[163]

Part A   Part B   Part C

面网格后得到细分网格与各角点。

Part B 为自动计算的点与线数据，主要包括 C4~C7、C18~C21、C22 和 C23~26 四部分。由 C3 中提取上弦细分网格节点，为 C4~C7。C8~C11 为上弦两方向的正交网格线。C18~C22 分别为下弦细分网格的第 1、3 点，和两点中点。C22 为将两方向细分的二维数据组转译为一维数据组，从而便于实现下弦线。C23~C26 为上弦节点和下弦中点连线，从而组成斜腹杆线。

Part C 为基于 Part A 和 Part B 的进一步自动计算数据。C28 和 C29 为 U2 和 U3 的复制信息。C30~C38 基于 C22 的一维数据，进行适度偏移，建立新型数据组，连接原数据组。其中 C35 筛检数据，避免空值数据和多余连线。

通过 GH 所实现的双层网壳结构方案设计程序参数化表达结果可在 Rhino 平台预览，通过参数调整实时控制网壳结构设计结果。当结果满意时，可选择对 C12、C27 和 C38 设计结果执行 Bake 命令，从而得到参数化表达结果。执行 Bake 命令时，还可将不同结果分设于不同图层。

（3）Maya

Maya 是基于多边形曲面的建模软件（图6-8），其对建筑形态空间的表达过程类似于雕塑过程。但 Maya 可对图形进行了拓扑分形表达，即把拟建构的建筑形态空间分阶为点、线、面、体。Maya 中的元素各部分均可编辑，所有形体都可由正方体原型逐步推拉挤压出来，如泥塑般的自

图6-8 Maya 模型[164]

由控制使其能够展开灵活的建筑形态空间表达。不同于 Rhino，Maya 应用多边形建模逻辑，可基于建筑形态空间原型（Prototype）进行建筑形态与空间设计方案的灵活表达。

2）复合建模技术与工具

复合建模技术与工具可将建筑方案的几何图形信息转译为数据信息，并将建筑形态空间、材料构造信息集成于同一数据库，并记录各信息间的联系。复合建模技术能够协调图形和非图形数据。调整建筑方案数据可迅速实现对建筑方案的多样化表达和编辑，如通过改变数据库中屋顶与墙体间的数据关系来表达不同建筑屋顶形态。某些复合建模技术平台还可以进行建筑全生命周期评估与分析，能够完成建筑方案在设计、建造与运营各阶段信息的表达。

复合建模技术与工具既节约了建筑表达耗时，提升了建筑设计各部门与专业间的交互效率，解决了图纸间的难以转换、图纸更改工作量大的难题。建筑信息模型为建筑方案参数化表达提供了复合型的建模技术与工具，正在逐步广泛地应用于各种类型的建筑设计项目，目前代表性软件包括 Revit 和 Gery Technologies Digital Project。

（1）Revit

复合参数化建模工具是 BIM 系统的典型代表，能够将建筑模型、图纸信息，图示化信息与建筑非图示化信息整合集成于数据库中，可覆盖建筑全生命周期数据。相较于传统二维建筑图纸，Revit 在建筑方案表达中具有自动性、集成性与复杂性等特征，覆盖方案设计、施工图纸绘制与建筑建成后物业管理等方面。建筑信息模型由大量建筑构件组成。相较于传统的建筑模型软件的推、拉、剪、切等具象模型编辑，Revit 通过数据约束改变建筑模型及相关信息。Revit 的建筑构件信息包括建筑材料的耐火等级、传热系数、造价和构件重量及尺寸等。这些信息彼此关联，任何数据改变，建筑模型及数据库均会实时更新。

作为一个参数化驱动的应用程序，Revit 中的诸多元素都可通过参数进行调整。参数对几何形体的驱动是其工作逻辑的基础概念之一，Revit 对几何形体的编辑也有多种方式。

应用 Revit 平台，设计者可根据不同限制条件来调整建筑形态，如可通过将不同的尺寸标注关联到族参数来实现建筑形态空间参量调整。建筑形态空间可由若干基本形体组合构成，可通过尺寸标注来控制截面尺寸。如图 6-9、图 6-10 所示，圆形截面可以通过半径标注进行控制，高度参量可通过添加参照平面，将顶部和底部截面对齐锁定到参照平面，同时为两个参照平面增加尺寸标注（标注关联到族参数），有助于建筑形态被族参数控制。图 6-11 为应用 Revit 进行建筑形态设计的结果表达。

BIM 通过三维技术集成建筑设计及工程施工阶段的信息，以实现建筑空间、形态、结构与设备等的设计协同，有效提升建筑建设周期内的工作效率与质量，节约资源并降低成本（图 6-12）。BIM 系统中除建筑构件的具体信息外，还包括建筑非构件的状态信息，如建筑各空间的属性与使用

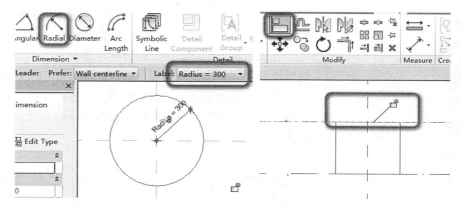

图6-9　Revit 软件工具栏
（左）

图6-10　Revit 软件控制界面
（右）

图6-11　应用 Revit 进行建筑
形态设计结果表达[164]

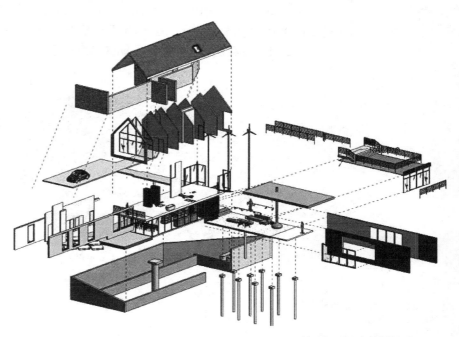

图6-12　建筑构件信息表达

状态等，设计者在建筑项目设计与建设周期的各阶段可不断进行方案修改与调整，这也使建筑方案设计得到更优结果。

在建筑设计初始阶段，设计者可通过 Rhino 及 Revit 平台建立三维建筑信息模型，并将定位轴线、建筑轮廓以及初步的结构构件定位尺寸、形状与角度等多信息结合二维图纸同步传递给结构工程师。图 6-13 为 BIM 工作流程与数据交互实践应用于某奥体中心游泳馆设计的建筑方案参数化表达案例。

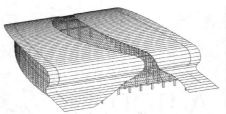 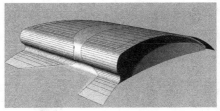

图 6-13 应用 Revit 进行建筑形态设计结果表达

在结构设计与分析阶段，结构工程师可通过 Revit structure 对建筑信息模型中的结构部分进行建模与计算，对结构中各构件的位置信息、构件形态、尺寸（角度、截面等）与材料和构件间的相互关系进行集成设计（图 6-14）。

在施工详图深化设计阶段，设计者首先根据由 Revit 导出的 IFC 模型，应用 Tekla Structure（XSteel）建立钢结构三维信息模型，直观而准确地确定各结构的空间位置关系和连接方式（图 6-15）。同时结合二维节点详图，表达建筑方案中的螺栓规格、孔径、大小、坡口形式、杆件截面形式和尺寸信息、节点安装信息（如螺栓、焊缝等）、加工特征等。

（2）Gehry Technologies Digital Project

Gehry Technologies Digital Project 由盖里科技公司（Gehry Technologies）研发，是在 CATIA 基础上开发的复合建模与建筑信息管理工具，可实现建筑全生命周期的信息管理。Digital Project 具有综合性

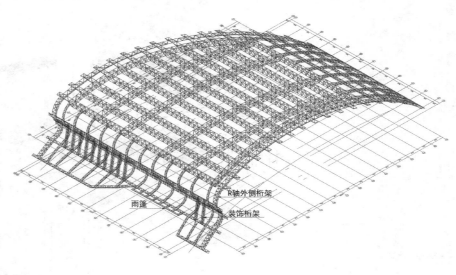

图 6-14 应用 Revit 进行建筑结构设计结果表达

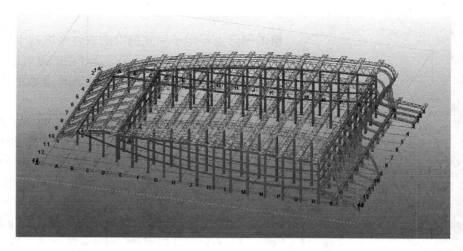

图 6-15 应用 Revit 进行建筑钢结构深化结果表达

的建筑信息模型建构程序，除建筑各阶段模型建构与信息集成外，还能够实现装配式设计、对接 CAD 平台、非线性建筑形态表达及多种设计标准的综合评估。Digital Project 在盖里的多个建筑设计方案的参数化表达中发挥了重要作用，如图 6-16 为盖里作品古根海姆博物馆的建筑信息模型。该工具目前已用于我国多个建筑项目的辅助设计与建设还可用于对建筑细部进行建模，如图 6-17。

图 6-16 古根海姆博物馆建筑信息模型[164]（左）
图 6-17 建筑信息模型局部表达[164]（右）

6.2 方案模拟结果参数化表达

20 世纪 60 年代中期以来，随着建筑性能模拟技术的逐渐发展，相关研究整体水平进一步提升[165]。方案性能模拟结果参数化表达对于提升设计方案的环境性能、降低建筑能耗等都具有重要意义。本节从光环境模拟结果、风环境模拟结果以及人群动态信息模拟结果三方面来介绍方案模拟结果的参数化表达。

6.2.1 光环境模拟结果参数化表达

应用计算机技术在天然采光方面的研究最早可追溯到 20 世纪 70 年代，光环境模拟相较于传统的采光测量方法，可为建筑光环境优化设计提供全面的数据支持和科学评价。

1）主要技术

目前国际上可用于采光模拟的软件多达数十种，其中 Radiance 因其具有很高的计算精度，是目前广泛使用的建筑自然采光性能模拟软件。Radiance 采用光线追踪技术，可建立光环境场景模型，进行光环境视觉舒适模拟研究[166]。

多个光环境模拟软件平台以 Radiance 为计算核心进行开发。如 Radiance 衍生软件模拟平台 Daysim，以 Tregenza 模型为核心，可提供光环境动态模拟。另一光环境模拟软件平台 DIVA-for-Rhino 集成了 Daysim 引擎，可作为 Rhino 参数化建模平台的插件，从而实现对非线性、复杂建筑空间内的光环境模拟[167]。DIVA-for-Rhino 平台还可计算动态气象数据下的自然采光情况，如全天空采光百分比（Daylight Autonomy，DA）等，并可对建筑或城市景观进行环境绩效评估，包括辐射地图、采光度量、眩光分析、动态阴影分析等。

2）模拟结果参数化表达

（1）辐射地图（Radiance Map）

DIVA for Rhino 可以在节点位置产生具体气候条件下的年度表面辐照图像。该辐照图像可用于城市或建筑模型的辐射分析，识别太阳能转换潜力、判定光照过强区域，并决策是否需要采取遮阳措施。分析结果一般用于比较夏季和冬季的辐射照度，辅助优化遮阳设施，使冬季日照得热最大化，同时减少夏季暴晒的不利影响。

辐照度图像可通过不同颜色表示建筑表面辐射照度的差异，颜色越亮越暖表示辐射照度越高，颜色越暗越冷表示辐射照度越低（图6-18）。

（2）实时眩光（Point-in-Time Glare）

眩光（Dazzle）是建筑内部空间常出现的易引发视觉不舒适或事物可见度低的现象。这一现象是由于亮度的不均匀分布引起的，不均匀的分布乃至极端的亮度对比，无论在时间或空间维度均影响使用者的舒适感受，由视觉可见度、到光的舒适影响，甚至产生厌恶情绪等心理危害或疲劳感等生理危害。

DIVA for Rhino 可针对某点进行实时眩光分析，可得出设定视点下人

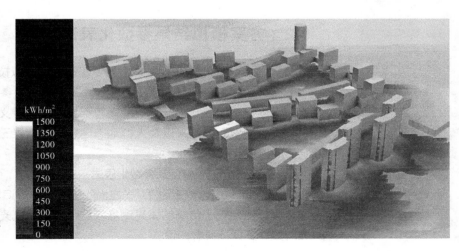

图6-18　基于辐射照度图像的建筑日照模拟结果表达[168]

的视觉舒适性。以"DGP"为评价指标，分析眩光来源、视觉对比度与整体亮度对视觉舒适度的影响。分析所用的场景照片由鱼眼镜头拍摄，通过多张同角度照片进行综合评估。逐时眩光分析应用到的 HDR 技术，是利用摄影方式将照片内包含的场景光信息用于光环境的数据分析。这种方法较易使用，且成本较低，所得到的图像信息像素高且范围广。从 HDR 技术所得到的数据信息包括图像中每个像素点测量矫正后在场景中的亮度值。HDR 技术还可通过连续的曝光量变化合成多张静态照片，从而对选中场景进行逐像素分析。这种分析方法能够对建筑内部空间的局部和全景进行亮度数据、光线分布等分析[169]。

DIVA for Rhino 能够进行实时眩光模拟，程序内部能够建立眩光指数模型，得出 DGP、DGI、VCP 等眩光评价指标的数值。图 6-20 中包括 Ls（cd/m^2）、ω、Lb（cd/m^2）、P 和 Ω 几个参数，分别代表视野内眩光源亮度、与眼睛形成的立体角、范围内的平均亮度、位置系数及修正后的立体角。由图 6-21 可以看出此场景下的眩光情况，彩色区域是存在眩光的位置，主要集中于窗户及近窗位置。

图 6-19 ~ 图 6-21 为 DIVA for Rhino 光模拟举例。图 6-19 为 DIVA for Rhino 的场景渲染图，能够近似还原建筑空间内部的场景。图 6-20 为伪彩图像（False Color Image），它反映的是某一具体时间场景中的亮度分布，亮度最小为 100cd/m^2，最大为 1900cd/m^2。图 6-21 为某一具体时间场景的眩光分析图像。眩光分析是基于亮度进行评价，认为场景中亮度值超过 2000cd/m^2 或者其他某一设定值时会出现眩光现象。有时眩光分析图中会存在多种颜色，根据亮度的不同颜色也不同。眩光根据人对场景感受的不同可以分为不可察觉眩光、可察觉眩光、受干扰眩光及无法忍受眩光，根据眩光评价指标所在值域的不同判定眩光程度（表 6-1）。如眩光评价指标 DGP 为 0.36，则认为存在可察觉眩光（Perceptible Glare）。

图 6-19　渲染图[170]（左）
图 6-20　伪彩图[171]（中）
图 6-21　眩光分析图[171]（右）

不同眩光评价指标的眩光程度[172]　　　　　　　表 6-1

眩光感知等级	不可察觉眩光	可察觉眩光	受干扰眩光	无法忍受眩光
DGP	0.35 以下	0.35~0.40	0.40~0.45	0.45 以上
DGI	18 以下	18~24	24~31	31 以上
UGR	13 以下	13~22	22~28	28 以上
VCP	80~100	60~80	40~60	0~40
CGI	13 以下	13~22	22~28	28 以上

（3）全年眩光计算（Annual Glare）

全年眩光计算与逐时眩光图计算使用类似的方法，通过使用全年的Daysim 模拟数据来计算垂直人眼的亮度和环境亮度，并将预测结果与实测结果对比，进而对该空间内的光舒适情况做出年度评估。

图 6-22 是针对图 6-19 场景的全年动态眩光分析图，图中红色代表无法忍受眩光（DGP ≥ 0.45），橙色代表受干扰眩光（0.45>DGP ≥ 0.4），黄色代表可察觉眩光（0.4>DGP ≥ 0.35），绿色为不可察觉眩光（DGP<0.35）。从模拟结果可以看出场景中全年存在的眩光问题较少，眩光问题严重的时间集中于 10 月中旬至 2 月中旬。由于冬季太阳高度角较低，眩光问题较为严重。

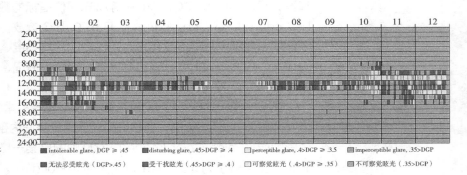

图 6-22　全年动态眩光分析结果 [170]

（4）全年动态遮阳分析（Advanced Shading）

建筑中的遮阳装置并非同时全部开启和关闭，不同时段遮阳装置的开启程度可以逐时变化。因此，DIVA 中根据眩光计算的结果给出与每个朝向相匹配的遮阳构件使用计划。该计划在运行过程中配以相应的控制系统，可以有效控制眩光并最大限度利用自然采光。以 Daysim 为计算核心模拟室内光环境的影响时可以实现这些控制策略。

图 6-23 是针对某严寒地区办公建筑典型模型的西向遮阳构件预测生成的使用计划，图中深蓝色部分表示遮阳构件开启角度为 0°，白色部分表示开启角度 30°。由图中可以看出，该办公建筑遮阳构件的主要使用时段为 9：00-18：00。

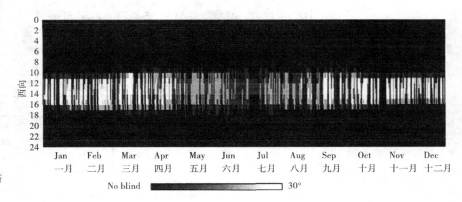

图 6-23　全年动态遮阳分析结果 [173]

3）DIVA 实践案例

在 DIVA 的实际应用中，多进行自然采光系数模拟、自然采光满足率分析、全年逐时逐点照度分析及 HDR 分析等。如在某藏传佛教经堂的光环境模拟分析中，设计者首先依据精确的测绘图纸对经堂进行准确建模，各界面材质反射比则依照测量值进行设定（图 6-24）。

图 6-24　应用 DIVA 表达经堂室内光环境模拟结果渲染图 [174]

（1）采光系数模拟

采光系数即为建筑内部空间与室外的无遮挡水平面的天空漫射光产生照度之比。其中室内天空漫射光可为直接或间接进入室内，室外为天空半球所产生的天空漫射光。对于工作场所来说，较为理想的采光系数在5%~10% 之间。

传统的采光系数实测方法常常受物理环境限制，测点数量有限，所得采光系数难以准确反馈采光系数分布。运用 DIVA 通过网格细分得到的采光系数模拟结果可以达到更为理想的精确度。采光系数的模拟结果以不同颜色进行区分，其中采光系数越低颜色越偏冷色，采光系数越高颜色越偏暖色。运用 DIVA 进行经堂中心的光环境模拟结果表明：日常诵经区域的采光系数较高且相对均匀，为 0.2%~0.3%；中心前部区域采光系数次之，为 0.1%~0.2%；周边区域采光系数较低，接近于 0（图 6-25）。

（2）DA 模拟

自然采光满足率（Daylight Autonomy，DA）是指根据不同功能要求以规定照度为阈值，测试满足照度要求的累计小时数和室内需要照明总小时数的比值。该值越高，说明该空间自然采光性能越优，对低于规定照度的区域则应启动人工照明进行补充 [174]。

图 6-26 为针对经堂区域内水平照度达到 50lx 的时长进行的模拟结果参数化表达，其时间长度以百分数表示。其中自然采光满足率越低颜色越

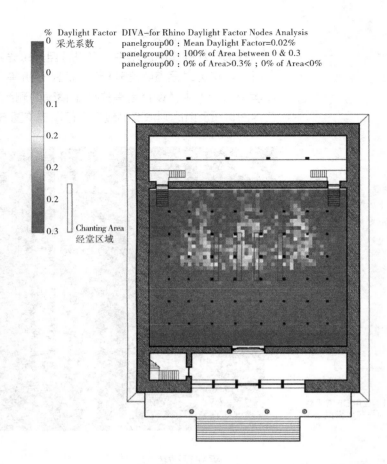

% Daylight Factor DIVA–for Rhino Daylight Factor Nodes Analysis
0 采光系数
panelgroup00 : Mean Daylight Factor=0.02%
panelgroup00 : 100% of Area between 0 & 0.3
panelgroup00 : 0% of Area>0.3% ; 0% of Area<0%

0
0.1
0.2
0.2
0.2
0.3

Chanting Area
经堂区域

图 6-25 应用 DIVA 表达经
堂室内采光系数模拟结果 [174]

偏冷色，自然采光满足率越高颜色越偏暖色。以 50lx 为标准，在早 8 点至晚 6 点的使用时间内，经堂内各区域在部分时间内可达水平照度 50lx，核心阅读区一半时间可达到此数值，其南侧有近 1/3 时间达到，其余周边区域自然采光满足率接近于 0，且阅读区南侧光环境更为均匀，北侧光环境亮度对比较为强烈。若以 100lx 为标准，使用时间内，中心区域有 30% 的时间水平照度能够达到 100lx，其余周边区域自然采光满足率接近 0。当自然采光满足率的照度标准提升为 200lx 时，经堂内整体的自然采光满足率均趋于 0。由此可以看出该经堂中心区域采光较好，且中心区域南侧多为散射光到达，分布较为均匀，中心区域北部多为直射光到达，光环境亮度对比较为强烈。

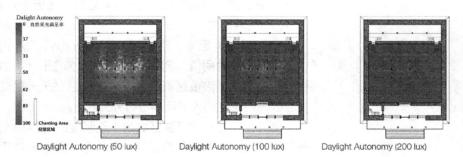

图 6-26 应用 DIVA 表达室
内 DA 模拟结果 [174]

Dalight Autonomy
0 自然采光满足率
17
33
50
62
83
100

Chanting Area
经堂区域

Daylight Autonomy (50 lux)   Daylight Autonomy (100 lux)   Daylight Autonomy (200 lux)

（3）全年逐时逐点照度模拟

建筑全年光环境模拟结果由 DIVA for Rhino 模拟计算获得。实践应用中，设计者应用 DIVA for Rhino 将经堂分为 72 个区域，选取其中阅读区域布置 9 个测点，选取阅读区域周边的辅助区域布置 30 个测点，模拟数据以 Excel 文件格式进行表达，结果如图 6-27 所示，表格横向为水平和垂直测量平面各测点，纵向为全年 365 日的每日逐时照度。

在光环境模拟结果表达时，由于全年模拟数据量较大，且自然采光存在周期性、季节性规律，设计者通常只需研究特定时间段的建筑光环境，并结合建筑功能特征进行表达，如对于办公建筑则侧重于工作时段。在针对该经堂的全年建筑光环境模拟研究中，经堂一天中有自然采光需求的典型时间为诵经时段，进行光环境模拟分析时，应选取全年不同季节典型日的诵经时段，即上午 9 点至中午 12 点。典型日分别为年春分、夏至、秋分和冬至（图 6-28）。

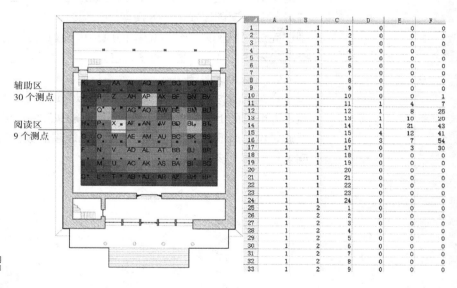

图 6-27　应用 DIVA 表达室内全年逐时逐点照度模拟结果 [174]

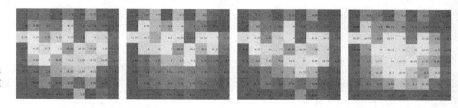

图 6-28　应用 DIVA 表达春分、夏至、秋分、冬至日的室内照度模拟结果 [174]

6.2.2　风环境模拟结果参数化表达

风环境模拟在城乡规划、建筑性能及建筑环境评价中均具有重要作用，良好的风环境能够提高使用者室外活动的舒适度，改善人居环境品质，节约建筑能耗等。传统风环境研究多采用风洞实验的方法。该方法虽然可靠性较高，但实验周期长、成本高。因此，利用数值模拟的方法对建筑与城市风环境进行分析，并参数化表达模拟结果已成为当前风环境研究领域的主要方法。

1）主要技术

CFD 模拟的主要软件平台包括 Phoenics、Airpak 和 Fluent 等。Phoenics 和 Airpark 均为通风空调领域常用模拟软件，具有显著的兼容特征，与 3D Max 和 CAD 等建筑模型建构软件平台均有良好的转换接口，无需在 CAD 中进行模型建构。Airpark 是专业供热通风与空气调节模拟软件，相较于多数 CAD 软件较易操作，善于模拟空气流动、质量、污染等问题。软件平台内置多个建筑环境热舒适评价标准，可计算 PPD（Predicted Precentage of Dissatisfied）、PMV（Predicted Mean Vote）等热舒适指标。Airpark 除应用于建筑设计外，还广泛应用于汽车、环境和供热通风与空气调节相关设备开发等方面。图 6-29 和图 6-30 分别为 Airpark 平台中的办公室模型建构与精细网格的划分。

2）模拟结果的参数化表达

以 Airpak 用户指南中的案例为例，为大家详细介绍常见 CFD 模拟结果的参数化表达。该案例的研究对象是办公建筑室内气流流动与热舒适，在经历了前期创建模型、为模型添加辐射、生成计算网格等步骤后，该模型已完成对案例办公建筑的室内风环境模拟，并将其表达为速度矢量图、空气龄云图、温度云图、粒子轨迹图、PMV 云图与 PPD 云图。

（1）速度矢量图

以风向量为例，CFD 模拟结果可以通过速度矢量图进行表达，显示选定平面或剖面上的风速与风向。图中以箭头颜色区分风速大小，以 m/s 为风速单位，风速越高颜色越偏暖色，风速越低颜色越偏冷色，并以箭头方向表示截面上该点的风向（图 6-31）。

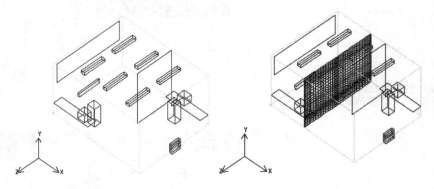

图 6-29　办公室通风仿真模型[175]（左）

图 6-30　y–z 平面精细网格[175]（右）

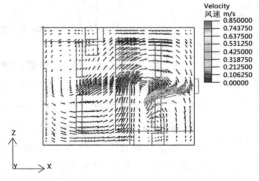

图 6-31　x–z 截面速度矢量图[175]

（2）空气龄云图

与速度场分布相似，Airpak 可通过空气龄分布云图的方式分析室内空气品质。空气龄，即空气质点的空气龄（Age of air），其将空气简化为质点，进而追踪此质点进入建筑空间不同位置的时间，以此来评价建筑室内空间空气品质和通风性能。空气龄定义被检测空间中的空气停留时间，此停留时间越短越好[176]。如图 6-32 对整个办公空间内的气流进行计算，空气龄云图通过调整向量平面在模型中的位置来显示不同截面的空气龄状况。调整截面坐标即可得出不同截面处的空气龄云图。

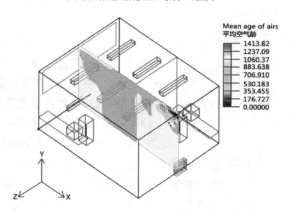

图 6-32　空气龄云图 [176]

（3）温度云图

除了选定固定截面查看该截面处温度、风速状态，Airpak 模拟结果中还包括对模型体块表面温度的分析。以温度云图的方式，在三维状态下参数化表达房间内各物体表面的温度分布情况，其同样以颜色来区分温度高低，温度越高颜色越偏暖，温度越低颜色越偏冷（图 6-33）。

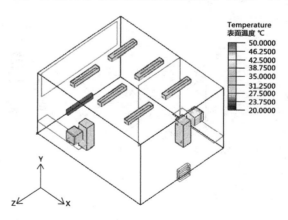

图 6-33　模拟体块表面温度云图 [176]

（4）粒子轨迹图

通过设置起止时间，CFD 模拟软件可以模拟空气粒子在该时间段内在室内的运动轨迹，并结合空气龄显示粒子的品质变化。通过粒子轨迹图来参数化表达室内气流组织，设计者可直观地观测到进风口气流在室内的扩散轨迹。粒子轨迹模拟结果表达与空气龄相结合，轨迹线条颜色越偏暖色表示其空气龄越高，颜色越偏冷色表示其空气龄越低[176]（图 6-34）。

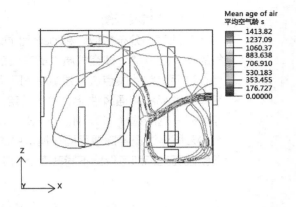

图 6-34　20 分钟内办公空间
粒子轨迹图[176]

（5）PMV 云图与 PPD 云图

除温度、速度、空气龄等物理指标，CFD 还可以模拟选定截面处的 PMV、PPD 指标，以此来预测使用者的室内热环境舒适程度。PMV（Predicted Mean Vote）是综合考虑了多影响因素的人体热舒适感评价指标[177]，反映了群体热感觉。其原理是人体热平衡基本方程式，并综合考虑人的生理、心理要素，包括活动程度、服装热阻、太阳辐射温度以及空气的湿度、温度和流动速度。PMV 采用 7 级分度：即冷（-3）、凉（-2）、稍凉（-1）、中性（0）、稍暖（1）、暖（2）、热（3）[177]。PPD（Predicted Percentage of Dissatisfied）即不满意者的百分数，是预测群体对于热环境不满意的投票平均值，一般以百分数表示。在 Airpak 模拟结果的 PMV 与 PPD 云图参数化表达中，PMV 越高颜色越偏暖色，PMV 越低颜色越偏冷色。PPD 指标设置范围为 0 到 100%，PPD 越高颜色越偏暖色，PPD 越低颜色越偏冷色（图 6-35、图 6-36）。

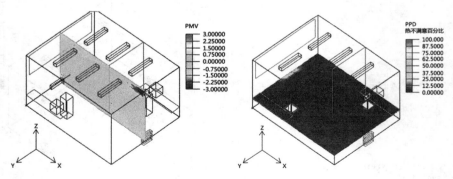

图 6-35　PMV 云图[177]（左）
图 6-36　PPD 云图[177]（右）

3）案例示例

以高大中庭空间墙体倾斜角度对建筑室内风热环境影响的研究为例，阐释不同条件下风环境模拟结果的参数化表达[178]。此案例建筑模型三层有中庭空间。建筑层高均为 3m，进深 8m，中庭高度为 12m，进深 4m，窗口高度 0.75m，右侧与中庭相连的通风口高度为 0.65m。模型具体空间尺寸如图 6-37 所示，其中图 6-37（a）中建筑中庭墙体倾角

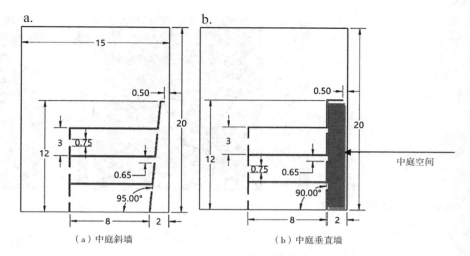

图 6-37　模型空间尺寸[178]

（a）中庭斜墙　　　　　　　（b）中庭垂直墙

为 95°，图 6-37（b）中建筑中庭墙体倾角为 90°，由于该模拟模型左右对称，模拟过程中只对其半侧进行建模。

（1）温度云图

温度云图模拟结果的参数化表达以颜色来区分温度高低，温度越高颜色越偏暖，温度越低颜色越偏冷。由图 6-38 可以看出，由于外部气体温度较低，气流由室外进入室内，再由室内进入中庭，最终通过中庭顶部开口排出。进入室内的气流会在行进过程中带走一部分室内空间热量，室内温度较高的地方则多集中在房间顶部或墙体后方，因为这些位置的热量与进入室内的气流热交换较少。通过模拟结果对比发现，95° 倾斜墙体的中庭相比垂直墙体的中庭空间烟囱效应更强，中庭空间中温度较高的区域较垂直墙体中庭更少，气流更能带走与中庭相连的室内空间的热量，中庭上部温度更低[178]。

（2）风速云图

风速模拟结果的参数化表达以颜色来区分风速大小，风速越大颜色越偏暖，风速越小颜色越偏冷。由图 6-39 可以看出，中庭斜墙（图 6-39a）与中庭垂直墙（图 6-39b）整体风速场近似，一层与二层的室内空间压力较小，气流由外部进入室内空间，再由室内通风口进入中庭，整体风速大小集中在

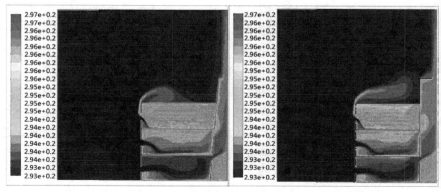

图 6-38　温度云图[178]

（a）中庭斜墙　　　　　　　（b）中庭垂直墙

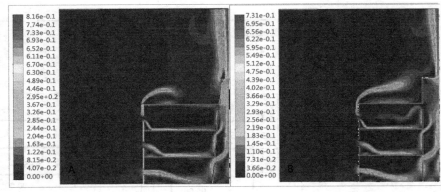

图 6-39　风速云图[178]　　　　　　　　　　（a）中庭斜墙　　　　　　　　　　（b）中庭垂直墙

0m/s 至 0.367m/s 之间；而到三层，中庭顶部空气压力增大，一部分气流从室内空间与中庭相连的通风口处进入室内，再经由窗口到室外，另有一部分气流由窗口下部从室外进入室内，在室内形成涡流后，再由窗口上部排出。三层室内空间的风速主要集中在 0.285m/s~0.407m/s 之间[178]。

6.2.3　人员疏散模拟结果参数化表达

随着社会经济和建筑技术的不断发展，建筑功能的日益复合促使建筑形体和空间呈现日趋复杂的趋势。复杂建筑空间中的使用人群通常具有数量多、密度高的特点。人员疏散的参数化表达对于此类建筑的人群流线与安全疏散设计至关重要。疏散模拟是当前人群动态分析与预测的主要手段，对提高公共建筑功能分区及流线设计的合理性、科学性具有重要的研究和应用价值。

目前疏散模拟技术平台已得到长足发展，常用模拟软件可达数十个，根据其物理空间模拟方式可分为精细网格、粗糙网格和连续空间模型三种。精细网格模型包括 Crisp、Evacnet、Exit89 等，粗糙网格模型包括 Building Exodus、Steps、Simulex 等，连续空间模型包括 Legion、Pathfinder 等。人员疏散模拟结果的参数化表达主要采用微观人群粒子状态图的形式，建筑方案中的人员疏散模拟结果表达方式包括水平面上的人群粒子状态图及垂直交通人群粒子状态图。

在微观粒子状态分析图中，每个粒子表示疏散运动过程中的一个人员。由于不考虑人员个体之间的差异（如身高、体重、性别等），疏散模拟场景中可以把人员简化为粒子。微观人群粒子状态图能够反映人员在疏散运动过程中的实时路径和行为特性，常见的人群疏散行为包括聚集、拥堵及从众等。

图 6-40 表示人群粒子通过隘口的情况。人员在正常疏散过程中，行走速度基本为匀速。当疏散通道宽度发生改变时，人员的疏散状态会随之改变。当人群通过狭窄通道时，人员的移动速度减慢，并在通道入口处发生拱形聚集、人员拥堵等现象。

图 6-41 是不同吸引力下的粒子状态关系图。在社会力模型中引入了出口吸引力，描述出口对行人的吸引作用及行人的成群结队现象。出口吸

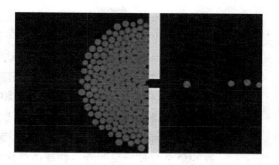

图 6-40　人群粒子通过隘口
模拟图 [179]

引力不同的情况下，人群密度、流率、排队和出口处拱形聚集情况均有差别。通过比较，设计者可分析在人员疏散过程中是否存在吸引力。若不存在吸引力，人群通过出口后的疏散是连贯的，而存在相互作用力时，人群通过出口后的疏散是不连贯的，并呈现多方向性的轨迹状态。

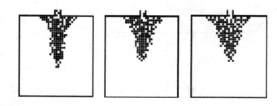

图 6-41　不同吸引力下的人
群粒子状态图 [179]

图 6-42 为平面自由型流线人群粒子移动状态图，体现了 4 种自由型流线的人群疏散状态变化过程。人群动态信息表达方式为疏散开始后 1 分钟内每隔 20 秒对人群分布状态进行记录。这类人群粒子动态状态图可用来分析疏散速度、人群运动的行为特征等 [179]。

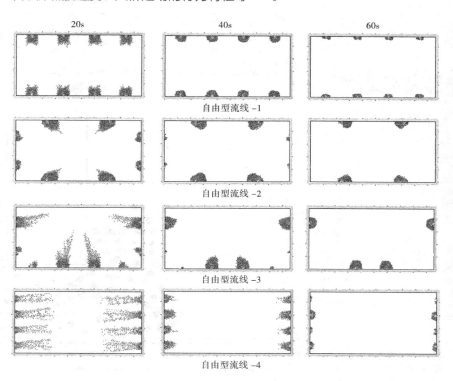

图 6-42　大空间建筑疏散模
拟过程图（自由型） [179]

平面网格型人群状态图可表达疏散速度以及不同时间阶段人群的动态移动特征（图6-43），分析人群在不同距离及疏散口尺度的疏散情况变化。可分析在有遮挡物情况下人群的移动变化（图6-44）。

对于功能流线复杂的特殊类型建筑进行人群疏散模拟时常将建筑空间进行简化。如体育馆疏散模拟中常将每层起坡观众看台看作平台，忽略看台每排座椅间的高差（图6-45）。这种平面化简化法将看台阶梯空间简化为水平空间进行模拟，在人群疏散模拟中广为使用，能够极大降低模拟计算的复杂度与运算时间，如某体育场的人群疏散模拟（图6-46）。

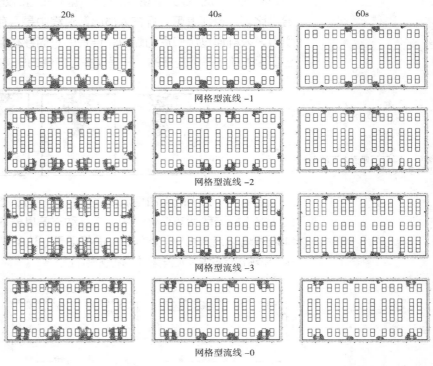

图6-43　大空间建筑疏散模拟过程图（网格型）[179]

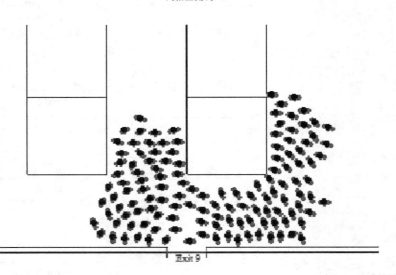

图6-44　网格流线3于40s时的人群局部动态状态图[179]

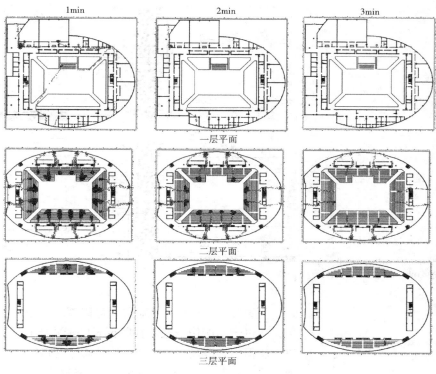

一层平面

二层平面

三层平面

图6-45　某体育馆疏散模拟
人群粒子状态图[179]

图6-46　某体育场看台平面
疏散模拟人群粒子状态图[179]

　　微观人群粒子状态图还可应用于建筑垂直交通系统的疏散性能分析，如图6-47所示为某公共建筑集散空间在疏散开始2分钟后的人群粒子状态，疏散楼梯入口处的集散厅的宽度变化值域为3~12m。通过垂直交通人群粒子状态图可比较不同集散空间类型、空间尺度及不同数量疏散口的人员运动过程。

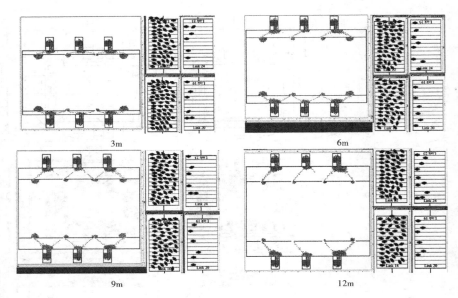

3m

6m

9m

12m

图 6-47 不同尺度集散空间
的 2min 人群粒子状态图 [179]

垂直交通人群粒子状态图还可以直观清晰地显示不同时间点的人员位置，通过定时图像记录和视频记录的形式比较各时间点的人群移动情况，进一步得出人群在垂直交通中的动态运动特征，优化建筑空间形式与尺度等，提高垂直交通的使用效率和人群疏散安全。

6.3　方案优化解集参数化表达

如今，建筑方案的参数化表达已经不再局限于对功能与形态的推敲，结合建筑性能考量的设计方案日益受到重视。随着多目标优化方法在建筑设计中的广泛应用，建筑方案优化解集的参数化表达日益受到关注 [180]。

设计者多采用 GH 平台下的 Galapagos 单目标优化软件与 Octopus 多目标优化软件来展开方案优化解集的参数化表达。Galapagos 单目标优化软件可以采用遗传算法和退火算法展开建筑方案优化。Octopus 多目标优化工具能够应用多目标进化算法，展开建筑多性能目标导向下的建筑方案优化。本节以 Octopus 为对象，介绍建筑方案优化解集的参数化表达。

6.3.1　Octopus 优化结果的参数化表达

相较于单目标优化软件，Octopus 具有交互性操作界面、自定义多目标任务及多算法内置等多方面优势。在目标任务制定方面，Octopus 可自定义优化目标，为使用者提供丰富的自主选择，并依据目标制定优化方案并生成搜索功能。Octopus 软件平台还可提供丰富的算法以供计算，例如苏黎世联邦理工学院研发的 SPEA-2 和 HypE 算法等。Octopus 多目标优化软件相比其他软件的另一显著优势在于其可应用 Start with Presets 功能在特定位置终止计算，以防止局部错误影响多目标优化的正确计算。

图 6-48 为 Octopus 优化解集界面，其界面可划分为 11 个模块，每个模块代表多目标优化过程中的数据或优化结果。模块 1 为多代优化得到的建筑方案解集，位于界面的核心区域。建筑方案解集以不同颜色代表不同代数得到的建筑设计方案可行解，红色为前沿解，透明程度则与迭代次数相关。模块 2 区域为模块 1 中各可行解的立方体数据，左键单击即可获得。模块 2 除提供解集的数据信息外，还可对解集进行标记等多种操作，如采用 Reinstate Solution 功能返还参数到 GH 中。模块 3 为进程滑块，可探查迭代的历史数据。其他模块还包括模块 4 优化进程控制开关，模块 5 算法参数设定菜单，模块 6 生成解类型控制菜单，模块 7 收敛进程折线图，模块 8 优化进程信息窗口。

区域 5 中的算法参数包括十余种参数设定，如精英数量（Elitism）、突变机会（Mut.Probability）、突变率（Mutation Rate）、交叉比率（Crossover Rate）、种群规模（Population Size）、最大代数（Max Generations）、记录间隔（Record Interval）、保存间隔（Save Interval）、最大计算间隔时间（Max Eval Time）、单次步长（Single Steps）、计算初始时最小化 Rhino 窗口界面（Minim Rhino on Start）、约束条件（Constraints Fill Random）等设定。

Mut.Probability 指标影响收敛速度与设计可能性的探索广度[181]。值得注意的是，当此数值过高时，变异概率增大较易导致最优解丢失；数值过低时会导致收敛结束过早，仅得到局部最优解。

Mutation Rate 参数用于控制各参数的基因突变，较低的数值代表产生突变的程度较小。Crossover Rate 用于控制连续两代可行解之间的参数交叉概率。

Population Size 代表每代的种群数量。合理设置种群规模是多目标优化的重要步骤，通常依据研究问题的复杂程度决定此数值。Max Generations 默认为 0，代表搜索可无穷尽进行。当此数值不为 0 时，Octopus 会在达到设定代数时终止搜索。

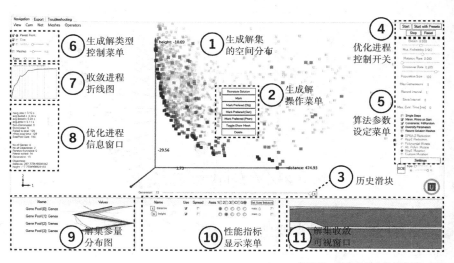

图 6-48　Octopus 优化解集界面[182]

Record Interval 为录入历史数据的时间间隔设定，合理设置此数值可以减少长时间搜索工作占用的电脑内存，提高计算效率。

Save Interval 为 GH 文件保存间隔，通过设置在计算进行到第几代时进行保存，防止因系统崩溃而丢失全部数据。Max Eval Time 是指当某个解的计算消耗大于此设定值时，将会被划分至诊断错误解群，在后期使用 Troubleshooting 控件时恢复计算。Single Steps 这一设定将在每代搜索结束后暂停。

Minim Rhino on Start 参数设定为使用者提供在计算开始时最小化 Rhino 和 GH 窗口界面，此设定能够减轻计算负担并提升计算效率。此参数设定通常为默认开启，需手动关闭。通常在多目标优化计算前 20 分钟无需使用 Rhino 和 GH 窗口界面，建议关闭此选项。在其他时刻需要最小化 Rhino 和 GH 窗口时，也可手动开启或关闭。

Constraints Fill Random 指标只有当 Octopus 连接布尔组件具有硬性约束时才有效。此设定下软件的收敛与变异算法有很多种，包括 SPEA-2、HypE reduction 收敛算法，以及 Polynomial、Alternative Polynomial、HypE 和 Custom Mutation 变异算法。模块 6、10 为控制个体类型的显隐方法。模块 7、9 和 11 以不同的方法呈现收敛进程。模块 8 以文字形式显示优化进程中的相关数据信息。

6.3.2 Octopus 在方案设计中的应用

Octopus 能够在建筑方案设计中实现多建筑性能目标导向下的建筑形态空间和材料构造优化设计。建筑多目标优化设计成果是非支配解构成的集合，非支配解为各目标性能均达到相对最优水平的建筑可行解，调整非支配解的任一目标性能都将导致其他目标性能水平的降低。

应用 Octopus 对寒地某办公建筑形态展开多目标优化设计，得出的非支配解分布情况如图 6-49 所示。图中三维坐标轴分别表示建筑能耗、热不舒适时间百分比和全天然采光百分比性能。标志点不同颜色代表不同

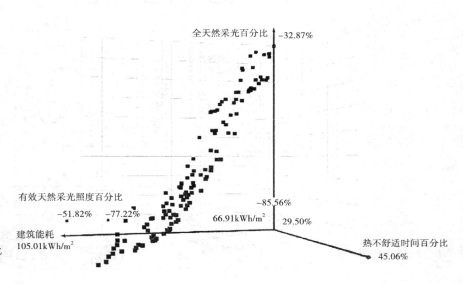

图 6-49 办公建筑形态优化案例的非支配解集 [183]

有效天然采光照度百分比，正方体标志点代表优化过程得出的非支配解。非支配解标识色彩为红、绿色间的渐变色，当有效天然采光照度的百分比绝对值较小时颜色偏向红色，当百分比较高时则偏向绿色。

图 6-50 为采用 Octopus，基于采光与节能性能目标，展开的寒地图书馆建筑空间形态优化设计。优化设计参量是中庭空间位置及跨数参量，其多目标优化程序如图 6-51 所示。

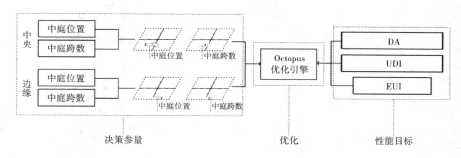

图 6-50 Octopus 多目标优化模块 [183]

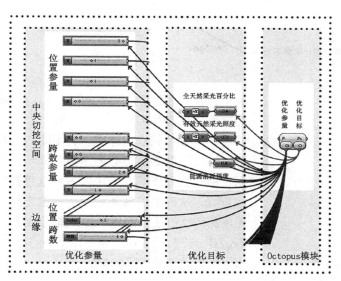

图 6-51 Octopus 多目标优化模型生成程序图 [183]

经过 19 代迭代计算，该优化过程共耗时 164 小时，得出的建筑形态优化非支配解集如图 6-52 所示。优化获得 69 个非支配解，其形成的帕伦托最优解集在解空间内呈现凹曲面分布特征，体现出性能目标之间的相互制约与权衡关系。在三维空间坐标系中，X，Y，Z 三个轴分别代表全天然采光百分比 DA，有效天然采光照度 UDI 和能源利用强度 EUI，方形的标志点代表优化过程中形成的非支配解，每个标志点均涵盖着优化参量信息（中庭跨数、中庭位置）、性能目标信息（DA、UDI 和 EUI 值），其中，性能目标 DA、UDI 和 EUI 值越接近原点，标志点在解集空间内的总体分布越凹向原点，表示该解的优化目标性能越好。

以某夏热冬冷地区基于太阳热辐射的建筑形体生成实验为例，以夏季、冬季最优太阳辐射量为优化目标，展开建筑形态优化设计。在设置

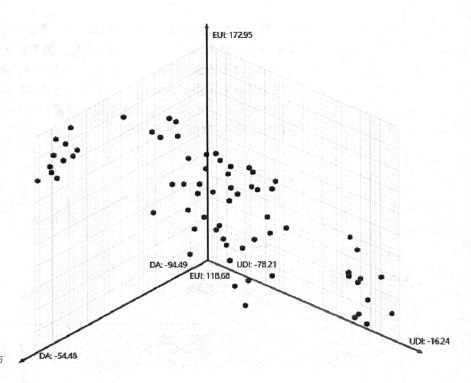

图 6-52 优化得出的建筑方
案非支配解集 [183]

完相关参数后经历 35 代迭代计算，得到较为稳定的优化结果。图 6-53 为提取变化较为典型的第 1、3、11、35 代迭代计算结果。迭代计算结果以不同颜色的立方体表示，不同的颜色代表不同类型的建筑方案可行解。迭代计算的历史数据由黄色表示，最新计算得到的精英解用红色表示。每个立方体的解均包含多种信息数据，且可对数据进行标记、反馈或删除，从而实现解集的使用者自定义。由图中可以观察到种群个体由无序离散状态逐渐向集中的帕累托前沿边界聚集收敛。Qs 的变化范围是 18.78 ~ 21.35，Qw 为 11.85 ~ 14.48，变化幅度类似，但两者体现出近似指数曲线的函数关系。

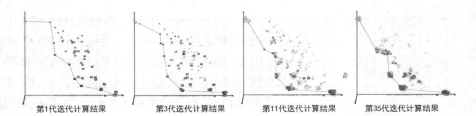

图 6-53 迭代计算结果 [183]

第1代迭代计算结果　　　第3代迭代计算结果　　　第11代迭代计算结果　　　第35代迭代计算结果

第7章 建筑方案参数化建构

随着参数化设计技术的发展成熟及参数化建构工具的出现，将虚拟空间中的参数化设计方案建构成为现实空间中的物质实体成为可能，这也代表着建筑参数化设计进入全新的阶段。本章在梳理建筑方案参数化发展脉络及其基本数学逻辑的基础上，对建筑方案参数化建构所面临的核心问题进行了解析，并系统性地阐释了建筑方案参数化建构的方法、流程、策略和工具，最后结合实践案例介绍了其应用情况。

7.1 参数化建构概述

进入 21 世纪，以工业机器人、3D 打印为代表的数控建造技术被引入建筑行业，打通了建筑参数化设计从虚拟空间中"生成"到实际物理空间中"建造"的环节，标志着建筑参数化设计迎来了发展成熟的历史契机。这种基于参数化设计思维，能够统筹考虑建筑设计方案、结构选型、材料性能与施工方法，并将虚拟空间中的设计转化为实物的过程，称为建筑参数化建构，其利用数控建造工具实现设计与建造的一体化，将极大提升建造效率与精度，促进建筑行业信息化与工业化的融合发展。

7.1.1 参数化建构的发展历程

如前文所述，在 20 世纪 70 年代到 90 年代的二十余年间，参数化设计思维被广泛地运用到建筑设计中，很大程度上改变了设计者的工作方式，提高了工作效率。正如彼得·埃森曼、弗兰克·盖里所进行的实践探索那样，参数化设计思维在这一时期的落实体现在一种信息化的工作模式和前卫的建筑理念，并向着工具化、智能化的方向继续发展。

1990 年至今，参数化设计技术在建筑领域的应用到达了一个新的阶段，融入参数化建构中，使得虚拟和现实从对立转变为慢慢融合的发展状态。设计者们开始回归建造的本质，探索初步的设计概念雏形到最终物质呈现全过程所涉及的问题与需具备的工具和技术。以机械臂（Robotic Arm）为代表的工业机器人（Industrial Robot）、3D 打印机（3D Printer）、数控机床（CNC Machine）等新兴参数化建构工具的到来真正把建筑带入到一个数字化时代。该阶段的标志性研究包括：1994 年，尤尔根·安德烈斯（Jürgen Andres）等研发了砌筑机器人系统"Rocco"；1995 年，甘特·普利斯（Günter Pritschow）等研发了移动砌筑机器人"Bronco"；2004 年，比洛克·霍什内维斯（Behrokh Khoshnevis）

等基于轮廓加工（Contour Crafting，CC）方法建构了大型龙门系统（图7-1）[184]，但其建造规模受限于系统尺度，应用前景有限；2011年，休·格兰特怀特（Hugh Durrant-Whyte）等应用小型飞行器建造了具备磁性节点的立方结构[185]；2012年，让·威尔曼（Jan Willmann）使用小型飞行器实现了砌体结构的搭建，并提出空中机器人建造（Aerial robotic construction，ARC）概念[186]；同年，赛伦·埃尔坎（Selen Ercan）等研发了可用于现场建造的机器人系统"Dimrob"，并进行了多种材料的砌筑实践（图7-2）[187]；2013年，尼格尔·弗兰兹（Nigl Franz）等设计了可对桁架结构中杆件进行装配与拆卸的攀爬式机器人原型[188]；同年，罗伯特·P·霍伊特（Robert P. Hoyt）等构建了可在太空环境中自主进行3D打印的机器人系统[189]；2016年，斯蒂文·约翰·基廷（Steven John Keating）在其博士论文研究中采用移动机器人系统建造出较大尺度的泡沫结构（图7-3）[190]。

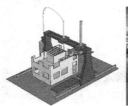

图7-1 基于龙门系统的参数化建构过程示意图[184]（左）
图7-2 "Dimrob"机器人系统[187]（中）
图7-3 大尺度泡沫结构的机器人建造[190]（右）

当前，随着参数化技术的应用与社会审美的转变，建筑行业呈现出建筑形态非标准化、围护结构单元个性化与定制化的发展趋势。如同汽车、电器等传统制造业向先进制造（Advanced Manufacturing）模式转型一样，建筑行业也开始逐步摒弃以手工主导、粗放低效的传统建造模式，向能够综合应用智能化技术与信息化系统的工业4.0模式转型。在转型趋势的引导下，工业4.0提供了以信息物理系统（Cyber-Physical System，CPS）为基础的模式框架，为构建具备实时感知、动态控制和信息反馈等功能的一体化数控建造平台奠定了理论基础。同时，机械臂能够通过反向动力学（Inverse Kinematics）原理定位空间目标点，并依靠编程完成建造任务，具备精度与效率的双重优势，成为参数化建构实践的核心工具和研究热点[191]。

7.1.2　参数化建构中的数学逻辑

建筑学自古就与数学逻辑密不可分，中西方传统建筑的形式秩序、模数比例、审美原则、结构选型乃至文化审美等方面都存在着内在的数学逻辑，其中，数学中的几何学发挥了关键的作用。时至今日，参数化设计思维促发下的建筑形态日趋复杂多变，同时几何学也产生了多种分支，包括代数几何、微分几何、分形几何、拓扑几何以及计算几何等[192]。新兴几何学不仅为参数化建筑的形态生成提供了数学逻辑依据，也为其参数化建构提供了数学逻辑支持。本节以其中应用较为广泛的复杂网格结构逻辑、分形几何逻辑与拓扑几何逻辑为例展开阐述。

1）复杂网格结构逻辑

传统建筑设计中的"网格"一般是用来控制建筑进深、开间等模数尺度的，除此之外，"网格"所控制的几何关系还有结构构件对位、功能区块组织、交通流线引导等，还包括建筑外立面的几何划分与整体形象塑造。然而在参数化设计思维引发的非标准复杂建筑形态涌现的今天，"网格"的概念及其作用已经发生了较大的变化，建筑形体的产生逻辑及建筑结构的组织策略已难以用常规"网格"的几何关系去描述。以传统建筑设计中"网格"的典型代表——"轴线"为例，在参数化建筑设计方案中，轴线的结构已经由传统的正交关系变异为扭转、交叉、咬合等二维，乃至三维的网格形态[192]。

根据网格变异后空间维度的不同，建筑本身也产生了相应的形态变化：既有二维平面中建筑表皮的肌理变化，又有三维空间中建筑结构的复杂呈现；前者的建构实现逻辑有分形、镶嵌等，后者的建构实现逻辑则有榫卯、互承、编织以及张拉等。其中，编织是指通过单元几何形式的组织而生成富有韵律变化的建筑形态的过程。通常这种形态在产生审美意义的同时，也能够与建筑节能能效、室内物理环境水平等性能提升相结合。如 MAD 事务所设计的中钢国际大厦，以中国古典园林建筑中的"六棱窗"为母题，在立面上舍弃了传统的玻璃幕墙，而是按一定规律组织了 4000 多个含有5 种不同规格的六边形窗洞（图 7-4）[193]。按照美国 LEED 绿色建筑标准，根据项目所在地全年的风向和日照情况调整开窗尺寸，求得最合理的窗地面积比，最大程度地减小建筑热量损失，实现了生态目标。

2）分形几何逻辑

从一般意义上来讲，"分形"具备形态精细化、自身相似化与结构放射化三大特征，与传统欧式几何的形态衍生已截然不同。生活中常见的植物根系、叶脉的生长过程，自然山体与河流的脉络走向，甚至是人体内的神经系统分布、大脑皮层构造等，都是分形的典型案例[194]。秉承着结构

图 7-4　中钢国际大厦表皮结构逻辑[193]

相似与放射性衍生的简单原则，分形超越了欧式几何所能解决的几何关系问题的范畴，实现了在生形过程中局部对整体的反映，并且能够跨越层级，从而得到超大尺度的图形。通过对当前建筑设计中经常用到的分形模型进行描述和案例研究，除了经典的规则分形之外，还有林氏系统及迭代函数系统、扩散限制聚集模型、元胞自动机等，都是在实践中应用较多的分形几何逻辑[195]。

例如墨尔本联邦广场的亚拉大楼（图7-5），其建筑表皮的构成源自一个正切值为1/2的直角三角形转化而成的网络，且每两种基本形组合成三种不同的三角形与一个矩形，如此重复迭代组合，形成复杂变化的图案肌理[195]。

图 7-5　亚拉大楼实景[195]

2002年，伊东丰雄（Toyo Ito）设计了英国伦敦海德公园的蛇形画廊（图7-6、图7-7），其建筑立面图案虽看似随机，实则蕴含着正方形旋转扩大的算法。从概念草图开始，伊东丰雄与结构师贝尔蒙德即提出想要创造一个"几何就是结构，结构即为建筑"的独特设计方案[196]。经过前期对网格图案的推敲，最终确定从旋转方形来获得分形的逻辑。为削弱图案的单调对称感，在图案的非对称部位截取方形，将轮廓线向四面延伸，随后将四面折下，使建筑及四面墙体形成一个连续的结构[196]。

图 7-6　蛇形画廊实景[196]

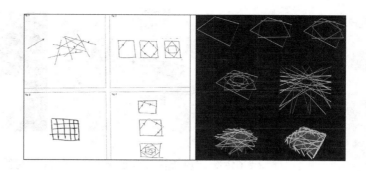

图7-7 蛇形画廊设计概念草图
及其正方形母题的扩大算法[196]

3）拓扑几何逻辑

拓扑学作为独立的学科，最初主要是由数学分析需求催生的研究几何体连续变化的学科，在演变过程中其研究范围及对象也在不断拓展，如生物形态学家德阿尔西·汤普森（Ds. Arcy Thompson）便针对鱼类外貌的相似性，挖掘其形体的拓扑变化规律，进而论证了鱼类起源于同一祖先这一观点。至此，拓扑学已经扩展为研究拓扑空间在拓扑变换下的性质不变与量不变的学科。

受德阿尔西生物进化观点的影响，格雷格·林恩认为建筑形态在周围环境影响下进行不断进化、完善的过程，正是拓扑变化的典型过程。具体而言，该过程中拓扑空间便是计算机进行参数化设计的建筑方案形态，其拓扑变化的诱因便是建筑环境因素以及时间、外力等，拓扑变化的结构最终可包括多种解集。拓扑学实际包含很多分支，包括点集拓扑学、几何拓扑学、代数拓扑学以及微分拓扑学等。已经应用于建筑设计的几个基本的拓扑概念包括格雷格·林恩提出的泡状物背后的变形球技术，还有最基本的莫比乌斯环和克莱因瓶、扭结问题以及极小曲面等[192]。

拓扑几何逻辑的一个典型案例是伊东丰雄设计的台中大都会歌剧院（Taichung Metropolitan Opera House）（图7-8～图7-10），该项目利用了极小曲面的拓扑几何逻辑作为建筑最为核心的理念及形态元素，突

图7-8 台中大都会歌剧院效
果图[197]

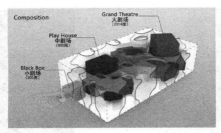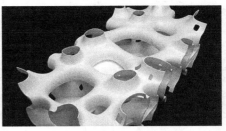

图 7-9 台中大都会歌剧院功能分区[198]（左）
图 7-10 台中大都会歌剧院空间结构[198]（右）

破了传统建筑线性或者曲面的形式。设计者利用极小曲面完成了功能组织、空间创新与结构选型，建筑整体呈现开放、动感的效果，与台中城市环境有机融合。极小曲面所组织的空间包括大中型剧场、实验剧场以及精品店等，其在参数化建构阶段采用了玻璃纤维混凝土，内附曲面钢架。

7.2 参数化建构方法

参数化建构作为参数化建筑设计的实践阶段与推进建筑工业化及信息化发展的重要手段，在理论层面，继承和发展了传统建构方式；在操作层面，运用数字化技术紧密联系起设计与建造过程[199]。特别是以数控建造技术为代表的参数化建构精确快捷的操作为非标准复杂建筑形体的建造奠定了坚实的基础[199]。

7.2.1 建构流程

参数化建构流程主要解决两大核心问题，一是上文所述的建筑方案形体生成的数学逻辑，这一逻辑也是设计者复现、修改其设计的先决条件，同时也能为建构环节提供切实可行的指南，包括空间定位、比例尺度选取等；二是参数化建构的策略，这就涉及与建筑形态特征相关的建造思路。在建立建筑方案参数化模型，明确其形态生成及建构的数学逻辑后，建筑方案参数化建构流程开始进入实体建造的阶段（图 7-11）。

一般而言，该过程可按操作逻辑分为两种：一种采用预制装配式建造思路，从"基本单元"出发，建构建筑整体结构或表皮，如网格划分法、切片法等；另一种是从建筑整体出发，将"整体"分解为"构件"进行建构，如一体成型法等。进而，针对不同建构方法及策略，选取相应的建筑方案参数化建构工具，并具体进行装配式建造或者一体化成型建造。

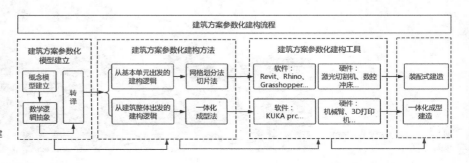

图 7-11 建筑方案参数化建构流程

7.2.2 建构策略

按照参数化建构程度，本节将常见的参数化建构策略分为三种，分别是：网格划分法，主要实现参数化建筑表皮形态的拟合；切片法，主要实现参数化建筑形体的拟合；一体化成型法，主要实现参数化建筑结构与形态一体化的建造。

1）面向建筑表皮拟合的参数化建构策略——网格划分法（Meshing）

网格划分法主要用在建筑参数化建构中的非标准表皮形态拟合的过程，具体是指通过三维软件对曲面进行细分，将划分得到的单元生成具体的数据信息，进而加工得到单元构件，在现场将这些构件拼装，生成平面或曲面的非标准形式，是一种将参数化模型到建造一体化考虑的建筑生成过程。

（1）网格单元划分策略

网格划分的具体过程是利用 Mesh 网格细分平滑的 NURBS 曲线模型，将复杂的曲面模型转化为大量的二维嵌板构件，使其易于施工。从 NURBS 曲线到 Mesh 网格建模，是网格划分法建模的一个典型过程[200]。由于划分结果多为大量相似而又不尽相同的单元，因此首先要从整体出发对建筑进行网格划分，使网格单元符合施工所需的经济尺寸。基于参数化设计逻辑的整体网格划分规则主要建立于 NURBS 曲面 UV 方向的划分上（图 7-12）。不论建筑是简单的平面形态还是复杂的自由曲面形态，均可根据 UV 原理划分为几何图形网格。在建筑整体网格的划分中，相关的设计参数为 UV 方向的划分数量及其单元网格的尺寸。设计者可以对曲面上的 UV 坐标点进行编辑，形成不同几何图形的网格，从而将表皮划分为所需网格，使空间曲面呈现出整体化的图案效果。

从划分网格的几何形态复杂程度来看，可分为单层级式划分与多层级式划分。单层级划分是指对参数化立面整体进行单一层级几何形态的网格划分进而形成网格单元的方法。按照划分网格的几何形态一般可以分为：矩形网格、三角形网格、菱形网格、蜂窝型网格、波浪形网格、砖形网格、异型等（图 7-13）[200]。

矩形网格是最基本的划分形式，通过表皮整体的 UV 划分可以直接生成。如由 ARM 建筑事务所设计的 Wanangkura 体育馆（图 7-14），设计师通过像素化模拟，在表皮上形成矩形网格并划分出大小不同的方形金属板，从而营造出渐变的效果。三角形网格是在矩形网格的基础上对网格单元的对角线进行不同方式的连线而形成；菱形网格是在矩形网格的基础

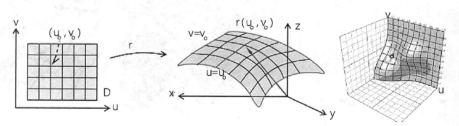

图 7-12　曲面 UV 划分原理示意图[200]

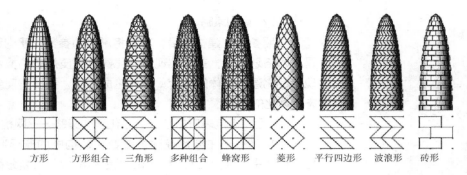

图 7-13 单层级式划分 [200]

方形　方形组合　三角形　多种组合　蜂窝形　菱形　平行四边形　波浪形　砖形

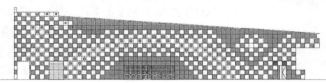

图 7-14 Wanangkura 体育馆实景与立面 [201]

上对网格单元的角点进行选点连线或者选点偏移而形成；蜂窝型网格是在三角形网格的基础上形成的，一般六个三角形网格单元组成一个蜂窝型网格单元；波浪形网格是在矩形网格的基础上对网格单元的角点进行选点偏移并连线，形成如波浪般上下起伏的网格图形；砖形网格也是在矩形网格的基础上划分而成，通常是将矩形网格单元按奇偶行分为两组，将其中一组网格单元沿水平方向移动 1/2 的网格单元长度，形成砖块般上下错缝的效果。异型网格区别于上述几种类型，其不遵从于 UV 划分方式的原理，通常是从相关科学领域的研究成果中获取灵感，进而确定整体网格划分。例如人们熟知的"水立方"——北京奥运会国家游泳中心。设计师以"泡沫"为灵感，将水在泡沫状态下的微观分子结构通过推演，放大成建筑的外表皮和空间网架系统（图 7-15）[202]。

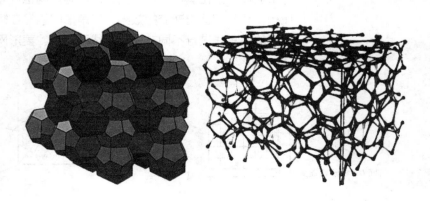

图 7-15 水立方表皮结构分析 [202]

多层级划分是指在单层级网格划分的基础上，对建筑立面进行次生层级的网格划分，进而形成网格单元的方法。在上述单层级的基础网格上还可以进行圆形、矩形、三角形、菱形、蜂窝型、异型等网格形式的划分。经过多层级划分而形成的网格单元往往具有两种或两种以上的几何形态，使得参数化建筑能够体现并拟合出更为复杂、多样的形式，同时提高对外部环境反馈的灵敏度。例如渐近线事务所设计的亚斯酒店（The Yas Hotel）（图7-16），其根据建筑功能与造价成本要求，结合建筑师提出的表皮形态设计概念以平板单元模块覆盖建筑曲面形态。因此单元仍需按照曲面 UV 方向的细分网格进行划分，通过对网格角点、线、面的编辑与分组，实现重构单元图形，并将重构单元进行无变化的均匀式分布。该表皮幕墙单元模块每个菱形网格的四个角点上均安装圆形钢节点，节点四向伸出构件与相邻玻璃幕墙单元形成四角拉结。钢节点可以移动并进行旋转，通过改变一个钢节点的位置可使另外三个节点产生联动，从而使玻璃幕墙倾斜开启，进而控制遮阳角度并通风降温。

（2）网格单元建构策略

完成建筑整体网格划分后，以网格内的单元形态为设计对象，在设计阶段对立面单元形态进行处理和控制，权衡立面材料属性、制造过程、装配逻辑及施工等方面的性能需求，降低施工建造的复杂程度和成本，并缩短工期。通过观察发现，网格内部的建筑单元形态按规格标准与否通常分为标准化单元模块和非标准化单元模块。

标准化单元模块是指网格内部生成的表皮单元具有固定的单一尺寸或者几种规格的标准尺寸。标准化单元模块的生成充分考虑建筑的材料属性。在实际工程中，砖块、混凝土砌块等材料是最普遍应用的标准化单元模块。这些单元模块在建造时常运用调整模块间的缝隙宽度、旋转角度、进退关系等手法来实现建筑立面的错缝搭接、扭转凹凸等效果。在参数化设计时，可以根据上述特点对网格单元进行优化分组，控制建筑立面的单元形态。非标准单元模块是指经过网格划分而形成的建筑立面单元尺寸各不相同，并且尺寸不同的单元数量众多。当表皮为自由曲面形态且覆盖面积巨大时，往往形成的非标准单元模块数量众多，在实际工程中需要采用大规模定制系统予以加工。在建筑单元形态的控制阶段，设计师应对非标准单元模块进行一定的规格优化，以减少不同形状的数量，降低造价同时增加美观性。

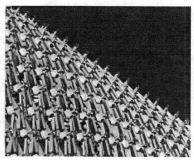

图7-16 亚斯酒店表皮单元细部[203]

总的来说，网格划分法在当代建筑设计中应用最为广泛，为参数化建筑方案的非标准形态表皮的实现提供了经济、成熟的解决方案。本节在总结网格划分法的一般性应用的基础上，又深化探讨了其他的网格划分形式，这些形式均以一定的数学图形理论为基础，生成的建筑立面一般都呈现网格状纹理。

2）面向建筑形体拟合的参数化建构策略——切片法（Sectioning）

"切片法"是通过剖切参数化模型来获取切片，并将其作为骨架，以实现建筑参数化建构的方法。建筑通过叠加切片的方式，以等距或者变距的方式进行组合，形成不同纹理的建筑形态。切片法是建筑参数化建构的重要方法，在参数化软件中的应用较便捷，一般的三维软件如 Maya、Rhino 等都可以直接进行切片放样，从而得到建筑形态切片的位置、厚度及几何形状尺寸等数据信息。

根据建筑形态差异，切片法可采用分段截面肋策略、窝夫构造策略两种，也可综合应用，并对切片密度进行局部的差异化处理。

（1）分段截面肋策略

分段截面肋直接继承了工业设计中切片法的典型应用，具体来说是将建筑体量解构成按照一定间距组合的切片肋板，这些肋板是建筑构成的关键：其一，肋板作为建筑的骨架起到结构支撑的作用；其二，肋板的设置也在整体上起到造型控制的作用。

例如，威廉·马西（William Massie）设计的"都市河岸"（图 7-17）项目就是使用该方法的代表作。本项目的参数化建构过程首先是在软件中建立形态体量模型，随后将其进行截面放样，分解为平行间距的截面，每个截面都成为骨架肋板，并在其中预留穿线孔洞，进行管材的安装。

2009 年，荷兰建筑设计事务所 MVRDV 为北京艺术中心设计了"中国山——未来城市展望"作品，为采用分段截面肋方法进行参数化建构的典型代表。该作品针对中国城市化进程不断加快的背景，以自然山体为母题设计了未来中国城市的人居方案，其完成参数化建模后，按照横向分段分割的方法对作品进行建造，形成了可步入的构筑空间（图 7-18、图 7-19）。

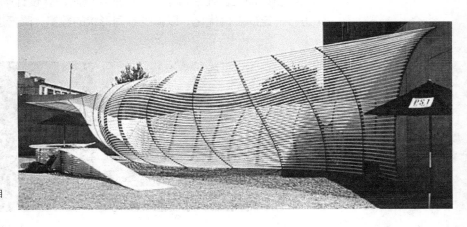

图 7-17 "都市河岸"项目模型 [203]

图 7-18 "中国山"外观[204]
（左）
图 7-19 "中国山"内景[204]
（右）

（2）窝夫构造策略

窝夫构造的名称来源于窝夫饼干形式。作为参数化建构切片法的重要技术之一，窝夫构造通过对整个数字模型进行剖切，得到两组垂直交叉的切片。这些切片在相应的切口处结合，产生一个格栅式的窝夫饼干状构架。2005 年由葡萄牙建筑师阿尔瓦罗·西扎（Alvaro Siza）设计完成的蛇形画廊（Serpentine Gallery）项目重新定义了窝夫构造形式[205]（图 7-20）。

这种窝夫构造方式在许多其他作品中也屡屡出现。西班牙的"都市阳伞"（Metropol Parasol）是采用窝夫构造策略进行参数化建构的典型案例（图 7-21），其由 6 个硕大的窝夫构造单元组成，每个单元由 3000 个节点相互连接，发挥结构作用的同时，也形成了强烈的视觉冲击效果。

综合以上两种构造形式与做法，切片法的特点首先是材料选择面宽。由于切片法构造本身能形成较高的刚度，这就使得它在材料选择上比较宽泛。对于钢板、木材、石膏板、混凝土等建筑行业最为常见的材料，运用加工成片材的方式，即可轻松采用切片法进行建造。而对于材料的选择，通常是依据建筑的重要性、强度要求、表现力要求等确定；第二，适应性广。切片法是一种成熟的建构方法，不仅在材料选择上少有限制，在建筑尺度、建筑成本、复杂程度上均存在较大的发挥空间。从应用范围来看，分段截面肋最为常见，实际操作中也存在较多变化；窝夫构造实用性也较强，但

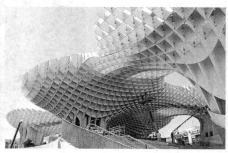

图 7-20 2005 年蛇形画廊实景图[205]（左）
图 7-21 西班牙"都市阳伞"[205]（右）

建筑形式变化丰富度不够，在展览性建筑中应用较广[205]。

3）面向建筑形态与结构一体化的参数化建构策略——一体化成型法

一体化成型法有三种形式，即减材建构法、增材建构法及模具塑形法，这些方法提供了针对复杂建筑形式的解决方案，也是对未知形式的探索性尝试。

（1）减材建构法

减材建构是指通过加工工具减少或去除材料的建构方式，这种方式与传统的雕刻工艺类似，但又有所不同，它能够通过数字化的手段来设定刀具的路径，对材料进行参数化切削。这种方法在提高传统雕刻的效率和精度的同时，会产生多余的边角料，往往也无法重复利用，造成浪费和建筑垃圾的产生。例如，纽约城和建筑垃圾的产生。

例如，纽约城市艺术与建筑展上的"骨墙"（Bone Wall）作品（图7-22），该作品由 Urban A & O 建筑事务所设计。方案应用五轴数控铣床（CNC Milling Machines）对高 6 英尺（1.83m）、长 14 英尺（1.22m）的中密度压型板材进行磨铣并组装。"骨墙"表面保留了刀具铣削形成的平行纹路，营造了独特的视觉效果。

（2）增材建构法

增材建构多采用 3D 打印技术，是基于三维数字模型，通过逐层固化、黏结建筑材料构建三维形体的方法，广泛应用于非标准形态建筑的建构过程中。增材建构一般步骤为首先将参数化模型切分成若干二维薄层，然后通过路径算法将打印头运行路径进行连接，形成连续路径并转换成数控机器代码。

例如布伊格地产集团总部（图7-23）采用增材建构法来生成表皮，主要利用 3D 打印来构建复杂的细部。该方法可以喷绘出丰富多彩的图案样式，增加表皮的多样性。建筑尺度下的混凝土 3D 打印由于其工艺及材料特性，为建筑的非标准形态建造提供了一定的实现基础。与此同时也带

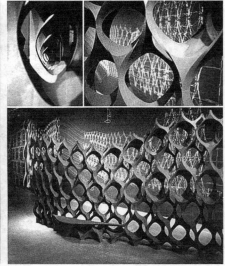

图 7-22 "骨墙"实景图[206]

来了一些问题，如构件表面会出现明显的分层甚至冷缝等现象，随着材料的堆积会出现沉降以及不可避免的误差等。

2019年，中建股份技术中心和中建二局华南公司联合完成了"世界首例原位3D打印双层示范建筑"（图7-24），所采用的原位3D打印建造技术有三方面突破：一是原位打印，即现场直接将主体打印成型，无需二次拼装；二是采用轮廓工艺，即打印出的墙体是为中空的，方便添加保暖填充物；三是首次将这项技术运用到双层建筑上，结构难度更大。打印过程相比一般建造过程节约材料60%，且耗时仅3天。

图7-23　布伊格地产集团总部实景图[207]（左）
图7-24　原位3D打印双层示范建筑实景图[207]（右）

（3）模具塑形法

模具塑形法为建筑提供了一种新的生成方式。最早的数控模具出现在工业设计中，并且应用较为广泛，可实现批量生产。常用的数控模具有注塑成型机（Injection Forming）、真空成型机（Vacuum Forming）、冲压模具（Press Tool）、超塑成型技术（Super Forming）等。

在建筑参数化建构领域，早期的模具塑形参数化建构需应用CNC设备加工木材、聚苯乙烯泡沫等材料来生成模板，如Reiser+Umemoto建筑事务所在O-14 Tower设计中，将聚苯乙烯泡沫模板嵌入钢筋混凝土中，形成多孔洞建筑支撑结构（图7-25）；Amanda Levete Architects事务所在爱尔兰都柏林斯宾塞码头桥设计中，通过在发泡聚苯乙烯泡沫模板上浇筑混凝土实现了非标准形态拱腹和护栏的建构（图7-26）；PASCHAL-Danmark A/S公司采用聚苯乙烯泡沫作为非标准形态混凝土结构的模板，探索了机械臂在非标准形态建筑参数化建构中的应用（图7-27）。

模具塑形法有三方面特点，首先是直接准确，在所有的参数化建构策略中，三维数控塑形法中，计算机与数控建造设备的连接最为直接，可有效降低数据交互过程的误差风险，提高参数化建构的准确性，因为是直接面向建造，没有中间的传统建造环节，所以最终能够更好地表达建筑设计意图。其次，

图7-25　O-14Tower项目中的泡沫支撑结构[208]（左）
图7-26　斯宾塞码头桥项目中的非标准形态聚苯乙烯泡沫模板[208]（中）
图7-27　PASCHAL-Danmark A/S公司的非标准形态混凝土结构[208]（右）

该方法可应用于多种复杂形态建筑的参数化建构中，适用范围较广。模具塑形法发挥了建筑参数化形态设计优势，能适应参数化建筑复杂、无规则、非线性的形态特征。但是，该方法对参数化建构设备的依赖性也较高。模具塑形法生成建筑构件需依托工业机器人、数控机床等硬件设备和KUKA|prc、SurfCAM等软件系统，与其他生成方法相比较难普遍应用，且数控设备价格昂贵，数控设备的操作以及维护也需要专门的技术人员，学习成本高。

7.3 参数化建构工具

参数化建构工具主要分软件工具和硬件工具两大类。软件工具主要包括 Processing、Firefly、Autodesk Review、RhinoCAM、KUKA|prc、SurfCAM 等，硬件工具主要分为二维加工设备与三维加工设备。

7.3.1 软件工具

参数化建构软件多是基于原有建模软件而开发的参数化插件，其中参数的输入输出以及建筑形式的变化过程是可视的，例如基于 CAD 的 Revit、基于 Rhino 的 Grasshopper、基于 Rhino 的 RhinoScript、Grasshopper 的插件 firefly 等。

1）Processing

Processing（图 7-28）基于 Java 语言，能够通过语法和图形编程建模，创建图形可视化项目。虽然它只供编程初学者使用，但也适用于对影像、动画、声音进行程序编辑的工作者。

2）Firefly

Firefly（图 7-29）是一款基于 Grasshopper 的插件程序，它可以有效且便捷地将 Grasshopper 与 Arduino 连接起来，从而形成一个软件操作整体。与 Grasshopper 相同，其通过 Arduino 单片机接收感应器反馈的数据，应用参数化程序驱使 Arduino 单片机将运算结果输出至马达或舵机等装置。同时，Firefly 连接 Rhino 程序，可以使整个运算系统可视化，实现虚拟世界与物理世界数据交互。

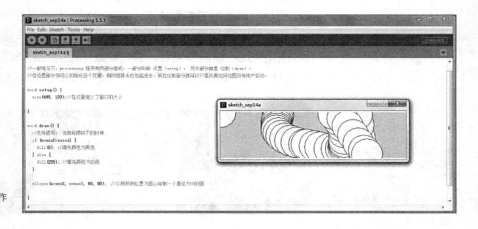

图 7-28 Processing 操作界面

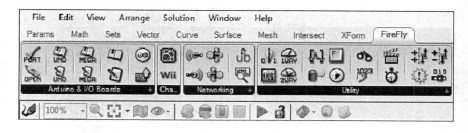

图 7-29　Firefly 插件界面

3）Autodesk Review

Autodesk Review（图 7-30）以全数字化方式集成、标记和注释二维与三维设计参数。该工具可帮助设计者、施工人员、工程承包商、业主以及规划师在办公室内或施工现场全面、精确地对设计信息进行查阅、打印、测量和注释。Design Review 可实现地图数据访问，可添加注释、追踪状态、拖拽多类型的信息（如场地照片、工程时间表、预算），将这些内容整合存储。该工具可将 DWG 文件注释导入 Autodesk 工具，并将数字标记添加到原文件上，以供快速审阅。目前，施工建造过程中多使用二维图纸，不利于复杂构件安装。我们可以通过 BIM 的延展可视化平台—Autodesk Review，让设计者和施工人员通过便携设备观看三维模型，既减少了从三维到二维的数据转换工作量，又提高了复杂构件安装的效率和准确性。

图 7-30　Autodesk Review
界面

4）RhinoCAM

RhinoCAM（图 7-31）常用于数字模型信息与数控设备信息转译，是集二维绘图、三维实体造型、曲面设计、数控编程、刀具路径模拟和真实感模拟等多种功能于一体的三维数控塑形软件。RhinoCAM 的曲面加工倾向于机械加工与模具加工。此外，RhinoCAM 能兼容 iges、stl、dwg 等机械类文件输出格式，又能导入 obj、3dmax、zb 等格式的建筑细部结构杆件加工数据，而且能在场景中承载多重格式，以实现多数据端操作，并且不要求场景模型必须闭合。

5）KUKA|prc

机械臂在参数化建造中占据了很重要的地位。在机器人参与的参数化建造中，设计与建造可以清晰地联系在一起。KUKA|prc（图 7-32）

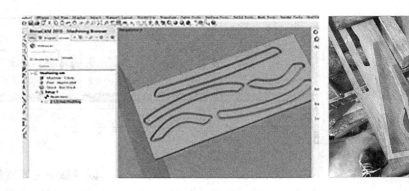

图 7-31 RhinoCAM 界面

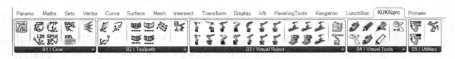

图 7-32 KUKA|prc 界面

是一组为 KUKA 机器人提供程序化机器人控制（因此称为 prc）的 Grasshopper 组件。这些组件使用起来很简单，而且便于用其来编程。KUKA|prc 能够直接从参数建模环境中对工业机器人进行编程，甚至可以实现机器人的全运动仿真。生成的文件可以直接在 KUKA 机器人上执行，不需要任何额外的软件。KUKA|prc 能够进行完整的模拟和代码生成。另外，它能支持 SunriseOS、外部轴、g-code 导入等。

6）SurfCAM

CAD/CAM 技术得到不断发展和推广应用有助于提高产品质量，缩短产品生产周期，从根本上改变了以往基于手工绘图、依靠图纸组织整个生产过程的技术管理模式，推动了传统产业的革新和新兴技术的发展。SurfCAM 集成了 CAD、CAM 以及 Verify 等多个数控编程模块。编程前需要先利用 SurfCAM 的 CAD 模块进行建模，构建加工模型；再利用 CAM 模块生成刀具路径，计算机仿真模拟加工的真实过程，综合应用机器数据文件生成器（MDFG）生成机器数据文件（MDFA）修改造型和加工参数，通过计算机后置处理，生成所需的数控代码，应用于数控加工（图 7-33）。

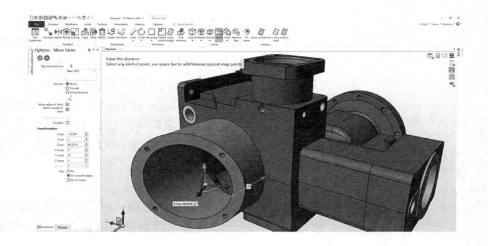

图 7-33 SurfCAM 界面

7.3.2 硬件工具

硬件工具是实现参数化建构的必要手段，为提高制造效率和产品质量，数控加工设备的应用最为广泛。从三维激光扫描仪（Three-dimensional laser scanner）对建筑模型的云点收集到 Catia 设计软件的模型调整、数字手臂（Digitizer arm）的测试模型制作、水切割机（Water-jet cutter）构件制作、数控机床模具制作，这一系列建造过程中，数控加工设备都扮演了不可或缺的角色[199]。因此，对参数化建构中的硬件工具的性能和工作原理的了解尤为重要。随着数控技术的逐渐成熟，应用在建筑业的数控设备主要可以分为二维和三维两大类。

1）二维加工设备

激光切割机（图 7-34）是将从激光器发射出的激光经光路系统聚集成高功率密度激光束的仪器。激光束照射到工件表面，使工件达到熔点或沸点，同时与光束同轴的高压气体将熔化或汽化的材料吹走。随着光束与工件相对位置的移动，使材料形成切缝，从而达到切割的目的。激光切割是用不可见的光束代替了传统的机械刀，具有精度高、切割快速、切口光滑平整、切缝窄、无毛刺、可切割各种图案等特点，可以切割用于制作建筑构件的剖切面的木板、有机玻璃等薄片材料。

等离子切割是利用高温等离子电弧的热量使工件切口处的金属局部熔化（或蒸发），并借高速等离子的动量排除熔融金属以形成切口的一种加工方法。等离子电弧切割机（Plasma-arc CNC Cutting）（图 7-35）具有全自动与半自动裁切双模式选择、数字精确控制切割长度、操作方便的特点。

图 7-34　激光切割机（左）
图 7-35　等离子电弧切割机（右）

水切割机（Water-jet Cutters）又称水刀切割（图 7-36），是一种利用高压水流切割的机器。水切割不会产生有害的气体或液体，不会在工件表面产生热量，是真正的多功能、高效率、冷切割的加工。材料质地对其影响小，并且可以任意雕琢工件，甚至可以切开 38cm 厚的钛金属。

数控冲床（CNC punch）（图 7-37）是一种装有程序控制系统的自动化机床，主要加工板材，通过冲压、模压、压纹等强迫金属进入模具，实现落料、冲孔、成型、拉深、修整、精冲、整形、铆接及挤压件等工艺[199]。数控冲床具有加工精度高、加工幅度大、能加工形状复杂的零件、节省生产准备时间、生产效率高、自动化程度高、操作简单的特点。

图 7-36　水切割机（左）
图 7-37　数控冲床（右）

2）三维设备

（1）数控弯管机（CNC Bending Machine）

数控弯管机（图 7-38）是对结构构件进行弯折的工具，常用来加工弧形弯曲构件，具有速度快、高精度、高可靠性、可进行多曲率、多直径、混合弯和矩形多边的加工、操作简便的特点。

（2）数控机床

数控机床是一种装有程序控制系统的自动化机床。在建筑上的应用多是使用三轴机床来加工制作模型与模板（图 7-39），五轴机床可以加工三维立体构件。数控机床可以加工金属、工程塑料等材料，具有适应性强、精度高、能加工复杂零件、节省准备时间、自动化高、生产效率高、可靠性高的特点，但对操作人员要求也较高。

图 7-38　数控弯管机 [209]（左）
图 7-39　数控机床加工的模具 [209]（右）

例如，2014 年上海数字未来活动以传统木构元素"椽橼"为原型，结合结构性能优化软件和数字化建造技术，探索一种新型木构结构体系。在该项目中，虽然垂直叠加的结构单元遵循同一结构逻辑，但杆件长度、截面尺寸、交接位置、倾斜角度各不相同，导致节点的极度复杂 [210]，因此项目采用了五轴数控机床对杆件进行加工（图 7-40），对于榫卯节点精确定位和切割后，人工完成现场搭建，使得最终完成的装置很好地实现了设计构思（图 7-41）。

（3）机械臂

机械臂（图 7-42）是指能够通过反向动力学原理定位空间目标点，并依靠编程完成建造任务的一种数控建构技术平台。对于一些危险性的工作，机械臂可以代替人工，操作灵活。由于其系统相对复杂，存在不确定性，因此对于不同的任务，首先需要对其关节空间的运动轨迹进行规划。近年来，机械臂在参数化建构中占据了很重要的地位，在其参与的参数化建构

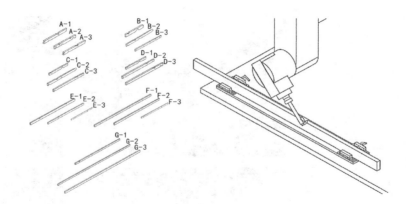

图 7-40　对杆件进行定位
加工[210]

图 7-41　五轴数控机床加工
及搭建成果[210]

中，设计与建构清晰地联系在一起，并与传统的构造和材料不断地紧密结合。越来越多的国内外研究团队开始展开对机械臂的研究，将其应用到参数化建构之中，尝试探索崭新的建构方式。

　　例如瑞士苏黎世联邦理工大学（ETH）的参数化建构项目"复杂木构"（Complex Timber Structures）将参数化设计和建构技术应用于复杂木结构空间，运用全新的建构方式在三维空间中装配方向和尺寸各异的构件。项目使用了云杉木板、PUR 聚氨酯反应型热熔胶等材料，应用 Universal UR5 和置于移动平台上的 ABB IRB 4600、ABB IRB 6650 机械臂。相比传统操作的耗时耗力，机械臂的高效操作使得这种构造方式可以精确、高效地完成（图 7-43 ~ 图 7-45）。

图 7-42　Universal
UR5 机械臂[211]（左）
图 7-43　节点的参数
化建构[211]（中）
图 7-44　参数化建构
成果[211]（右）

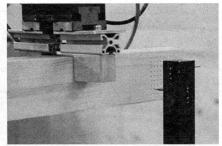

图 7-45 参数化建构过程[211]

既有机械臂多存在工作危险性高、人机不能直接进行协作等问题，因此，在机械臂建构的过程中要设置安全围栏，操作人员不能靠近。近年来，出现了用于灵敏装配作业的轻型机器人，在工作空间中不需要护栏，为人机协作创造了条件。例如 KUKA LBR iiwa（图 7-46）机械臂是第一款量产的灵敏型、也是具有人机协作能力的机械臂。其首次实现人类与机器人之间的直接合作，可成功完成高灵敏度需求的任务，其工作特点形成了新的工作区域，可以达到较高效率。

（4）3D 打印机（3D Printer）

3D 打印机的工作原理与传统打印机相似，可以对打印材料进行分层凝固成型，最终实现三维立体构件。3D 打印机可以打印多种复杂形状，具有生产效率高、可靠性高、安全性高的特点，但对材料的限制较大、使用范围有限（图 7-47、图 7-48）。3D 打印技术，又称增材制造技术（Additive Manufacturing，AM），是一种与传统的材料去除加工方法相反的、基于三维数字模型的、通常采用逐层建构方式将材料结合起来的工艺[212]。

图 7-46　LBR iiwa 机械臂[211]

图7-47 Objet1000 Plus3D
打印机[212]（左）
图7-48 Eden 260VS 3D
打印机[212]（右）

3D打印建筑起源于1997年美国者约瑟夫·佩格那（Joseph Pegna）提出的一种适用于水泥材料逐层累加并选择性凝固的自由形态构建的建造方法。随着3D打印技术的进步，其在建筑界被广泛推广应用。英国拉夫堡大学创新研究中心基金（IMCRC）发起的"自由形式"建造项目开发出一台增材制造机器，它能用混凝土作为材料打印大型构件（2m×2m×2m）（图7-49）。该工艺通过由计算机控制的喷嘴浇筑混凝土，并且不需要使用任何模板，因此在复杂体量打印方面体现出前所未有的自由度。由于部件是被打印的，每个单独的部件可以千差万别，特殊定制[213]。

图7-49 三维打印混凝土
部件[213]

7.4 参数化建构案例解析

7.4.1 基于网格划分法的建筑参数化建构案例

位于韩国首尔东大门历史文化区的东大门设计广场是由扎哈·哈迪德事务所设计完成大型商业文化综合体（图7-50、图7-51），建筑面积85000m²，地上4层，地下4层，建筑功能包括图书馆及教育中心、设计

图 7-50　东大门设计广场夜景鸟瞰[214]（左）
图 7-51　东大门设计广场表皮细部[214]（右）

博物馆、会议中心以及多个展厅[214]。建筑通过 45133 块形状不同的穿孔铝板营造了纯粹、圆润的整体形象，且表皮铝板的颜色、开孔数量及大小不尽相同，对其参数化建构提出了严峻考验。为高效率、高精度地完成项目建造，项目的 BIM 顾问 Gehry Technologies（GT）的韩国分部采用 BIM 技术对表皮进行整体优化设计和施工建造管理。

为控制成本及工期，东大门项目的表皮设计优化的目标是尽可能地将不规则表皮优化、变形成为平面或可展曲面（Developable Surfaces），包括单曲面、直纹曲面（Ruled Surfaces）等，这类曲面的预制方法可以采用二维的建构工具（激光切割机、水刀切割机等）进行数控切割，再进行弯曲得到；应尽量避免产生不可展曲面（Undevelopable Surfaces），这类曲面的加工方法复杂，包括手工铸造模具拟合、数控雕刻等，成本高昂。

在软件工具方面，该项目采用 Digital Project 进行建模，以 1.2m×1.6m 为基本网格单元的模数，保证其拓扑关系不变的前提下进行优化划分，最终得到 21738 块双曲面板，占到总数量的 48.2%[215]。进而，应用 BIM 软件赋予每一块板位置、颜色、开孔率等属性。

预制加工阶段，针对大量双曲面的制作难点，结合弯曲成形（Stretch Bending）和多点成形（Multipoint Forming）工艺，研发了多点拉伸成形（Multipoint Stretch Forming）方法（图 7-52），利用数控金属点阵对金属板进行上下两个方向的挤压，使其成为对应的几何形状，这种预制方法能够重复利用模具，经济便捷、准确高效。经测算，使用多点拉伸成型方法制作的金属板每块的成本在 260 美元，是采用铸钢模具方法的 2%，大大降低了建造成本。

装配阶段，首先在建筑主体的钢构上做好保温与防水构造，再采用暗装的节点连接金属板与建筑主体结构。加工完成的金属板被编组运至现场，与主体结构进行连接。对于主体结构是金属框架的，首先需在金属框架外布置好保温板和防水板，再将金属板与对应的节点以暗装方式进行连接，即连接件隐藏在金属板的后面，从外面是看不到的（图 7-53）。对于主体结构是钢筋混凝土的地方，则直接将金属板与节点进行连接（图 7-54）。在部分穿孔的金属板后还设置了灯箱，用作夜景照明（图 7-55）。

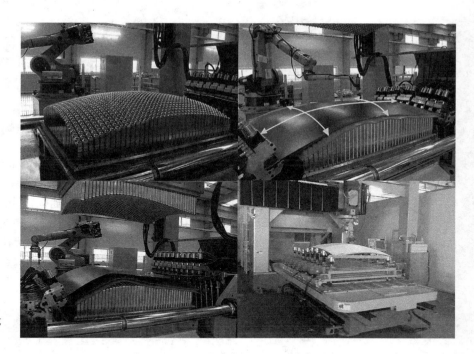

图 7-52 多点拉伸成形工艺
流程 [214]

图 7-53 与钢结构连接做法 [215]
（左）
图 7-54 与混凝土连接做法 [215]
（中）
图 7-55 透光开口效果 [215]（右）

7.4.2 基于切片法的建筑参数化建构案例

从"编程化砖墙"（The Programed Wall）项目开始，瑞士苏黎世联邦理工学院（ETH）建筑学院的数字建造教研室（DFab）做了很多不同的尝试，探索使用机器人装配"一般性"材料和构件的潜力，并试图在设计中系统地考虑材料的构造特性。"序列结构"（The Sequentials）系列就是个很好的例子，这个项目从"序列墙体结构"（The Sequential Wall）开始，经过大量不同的结构原型实验，最终成果发展为 ETH 建筑技术实验室厂房（Arch-Tec-Lab）里不规则形体的"序列屋架结构"（The Sequential Roof）（图 7-56）。"序列屋架结构"项目是 2016 年完工的项目，建造方式是由加法原则将离散的标准化木元件通过装配形成了一个复杂的屋架结构。结构通过堆叠的木构件而产生韵律，同时各构件在方向和长度上各异的渐变又与之共鸣，木杆各就其位，最终融合成为一个新的整体。

该项目是由无数交错的短木条形成的大型结构，总覆盖面积 2300m²，木条的总长度达 54m。通过参数化设计，其井格梁式的结构可以在不同部位依据结构的受力需求，适应灭火喷头、采光和开口等建筑功能要求。此外，多层开放构造在其空间进深形成了多重视线，自然天光

图 7-56　序列屋架结构 [216]

能够从中均匀穿过。整个屋架结构由 168 个井格梁的子单元组成，每榀长 14.7m，宽 1.15m。木檩的总数多达 45000 条，每一条的切割和装配都不一样。为了应对如此庞大和复杂的结构，团队将一套特殊开发的计算机模型引入屋架设计（图 7-57）。整个设计在这个模型内不断微调，以满足各处特殊的形式要求以及建造和结构上的优化。项目使用铁杉板、木螺丝、环纹钉、聚氨酯粘合剂等材料，相较于砖块，木材的物理属性使其在建造过程中容易被进一步加工。

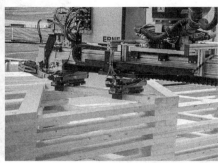

图 7-57　序列屋架结构的参数化建构 [216]

　　整个建筑物内的小型供暖和制冷设备并不是采用中央控制的暖通空调系统，而是采用传感器对气候控制进行微调。屋顶桁架内留有空间，用于安装灯光、天窗、通风和布线。屋顶本身是一个声学扩散器，在屋顶下方为人们创造了一个安静的空间。机械臂通过简单的步骤，即可以任意角度和长度切割木杆，并同时将它安装在准确的位置，使用置于单向轨道上的 Kuka KR150 L110 和 Universal UR5 机械臂来帮助建造施工。在建造期间，四个工业机器人从 60m 长、14m 宽、8m 高的天花板悬挂下来。机械臂在 6 自由度的龙门架上工作，全部由同一个系统控制，因此可以同步工作（图 7-58）。

图 7-58　序列屋架结构安装 [216]

7.4.3 基于模具塑型法的建筑参数化建构案例

Kirk Kapital 办公楼位于丹麦瓦埃勒自治市（Vejle Kommune），其建筑设计由德国 Olafur Eliasson 事务所设计完成，建筑共 6 层，高度为 32.3m，由 4 组圆柱形体量构成，建筑共包含 19 个交叉的、面积不等的曲面开口，堪称是斯堪的纳维亚半岛上最具特色的办公楼之一（图 7-59、图 7-60）。

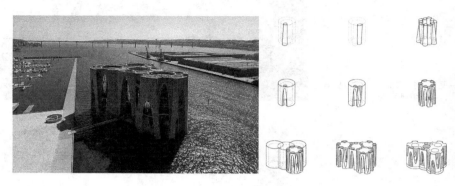

图 7-59　Kirk Kapital 办公楼实景鸟瞰 [217]（左）
图 7-60　Kirk Kapital 办公楼体量构成分析 [217]（右）

2013 年，Odico Formwork Robotics 公司受委托进行该项目的定制模板设计，这也是世界上首次实现使用机器人热线切割（Robotic Hot Wiring Cutting，RHWC）生产混凝土关键承重结构的浇筑模具。由于 Kirk Kapital 办公楼独特的造型，每层需 70~110m² 的模板，整个项目所需要的模板个数为 3800 个，且各不相同。

Odico 公司首先进行模板的材料选择，通过测试模型的制作，他们发现采用较低密度聚苯乙烯泡沫模板（Expanded Polystyrene，EPS）不仅在热线切割过程中极易成型，且与传统木质模板材料相比，在承受相同混凝土压力的前提下，其塑形能力及抗形变能力均优于木质模板。

进而，Odico 公司设计了针对该项目的机器人热线切割系统。软件方面，鉴于当时 KUKAPrc 等相关软件并未开发成熟，该团队采用 Rhino、Grasshopper 和 Python 编程实现了半自动的计算机辅助设计流程，且由于各类软件之间缺乏数据交互的 IFC4 标准，在进行模型处理及模拟切割过程中耗时较长。针对这一问题，Odico 公司后期开发了离线的机器人编程平台 PyRAPID。硬件方面，机器人热线切割利用工业机器人控制的电加热丝切割泡沫，以实现给定的 CAD 模型几何形状，能够生产用于混凝土浇筑的复杂几何体模板和基于泡沫的元件，同时，废料及用过的模板可以回收再利用为保温产品或模板材料，从而实现高度可持续的生产模式（图 7-61）。在现场加工阶段，先使用传统木材为泡沫模具制作标准的支撑框架，进而将预制的 EPS 模具插入其中，进行混凝土的现场浇筑（图 7-62、图 7-63）。

Kirk Kapital 办公楼项目的顺利完成，带来了使用建筑机器人进行建筑结构模具塑形的广泛应用，建筑产业的智能化水平得到提升。

图 7-61　Odico 公司的机器人热线切割系统[218]

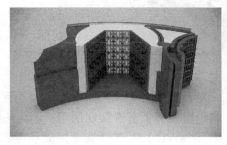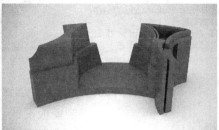

图 7-62　木质框架与预制 EPS 模板位置示意图[219]（左）
图 7-63　现场浇筑效果示意图[219]（右）

参考文献

[1] 孙澄宇.数字化建筑设计方法入门[M].上海：同济大学出版社，2012.

[2] 马志良.建筑参数化设计发展及应用的趋向性研究[D].浙江大学，2014.

[3] 帕特里克·舒马赫，徐丰.作为建筑风格的参数化主义——参数化主义者的宣言[J].世界建筑，2009（08）：18-19.

[4] 褚冬竹，魏书祥.一数一世界——荷兰建筑师 Kas Oosterhuis 数字设计思想浅析[J].城市建筑，2012（10）：59-61.

[5] Davis D. Modelled on Software Engineering：Flexible Parametric Models in the Practice of Architecture[D]. RMIT University，2013.

[6] Eltaweel A，Yuehong S U. Parametric Design and Daylighting：A Literature Review[J]. Renewable & Sustainable Energy Reviews，2017，73：1086-1103.

[7] Moretti L，Bucci F，Mulazzani M. Luigi Moretti：Opere e Scritti[M]. Italy：Electa 2000.

[8] Sabbagh K. 21st Century Jet：the Making and Marketing of the Boeing 777[M]. 150 E. Connecticut Avenue Southern Pines，NC United States：Scribner，1996.

[9] 李建成.建筑信息模型与建筑设计无纸化[J].建筑学报，2009（11）：100-101.

[10] Moussavi F. Parametric software is no substitute for parametric thinking[J]. Architectural Review，2011，230（1376）：39.

[11] Soddu C. Generative Art Geometry. Logical interpretations for Generative Algorithms[C]. Proceeding of XVII Generative Art Conference-GA2014，Rome，2014：11-23.

[12] 韩昀松.基于日照与风环境影响的建筑形态生成方法研究[D].哈尔滨工业大学，2013.

[13] Hesselgren，Lars，Charitou. The Bishopsgate Tower Case Study[J]. International Journal of Architectural Computing，2013，5（1）：45-58.

[14] Caldas L. Generation of Energy-efficient Architecture Solutions Applying GENE_ARCH：An Evolution-based Generative Design System[J]. Advanced Engineering Informatics，2008，22（1）：59-70.

[15] Jabi W. Digital Tectonics：The intersection of the physical and the virtual[J]. Assocation for Computer-Aided Design in Architecture，2004：57-66.

[16] 丘光明.中国历代度量衡考[M].北京：科学出版社，1992.

[17] 潘谷西.《营造法式》解读[M].南京：东南大学出版社，2005.

[18] Miguel A. Martín. The Origins of Le Corbusier's Modulor：Adaptive Reuse of Historical Precedence[J]. Modern Architecture 2，2010：54-77.

[19] Hernandez C R B. Thinking parametric design：introducing parametric Gaudi[J]. Design Studies，2006，27（3）：309-324.

[20] 李建成.BIM 研究的先驱——查尔斯·伊斯曼教授[J].土木建筑工程信息技术，2014，6（4）：114-117.

[21] Jin J，Zhou. Review of Parametric Design Method[J]. Computer Engineering & Applications，2003：16-17+86.

[22] Charles Eastman, David Fisher, Gilles Lafue, Joseph Lividini, Douglas Stoker, Christos Yessios. An Outline of the Building Description System [J]. Architectural Drafting, 1974：23.

[23] 曹乐，肖婧，张涛等．2013 年 12 月刊封面解说——BIM 技术在云南科技馆新馆项目中的应用 [J]. 土木建筑工程信息技术, 2013.5（6）：73-80.

[24] Lynn G. Animate Form[M]. New York，United States：Princeton Architectural Press，1999.

[25] Bird L，Labelle G. Re-Animating Greg Lynn's Embryological House：A Case Study in Digital Design Preservation[J]. Leonardo, 2010, 43（3）：23-34.

[26] 李紫微．性能导向的建筑方案阶段参数化设计优化策略与算法研究 [D]. 清华大学, 2014.

[27] 鹿晓雯．参数化设计对建筑形态影响初探 [D]. 大连理工大学, 2011.

[28] 赵秀芳．康巴艺术中心图书馆基于传统建筑光环境的照明设计方法 [D]. 清华大学, 2013.

[29] 李万林．当代非线性建筑形态设计研究 [D]. 重庆大学, 2008.

[30] 约翰·霍兰，陈禹．涌现：从混沌到有序 [M]. 上海：上海科学技术出版社, 2006.

[31] 吴祥兴．混沌学导论 [M]. 上海：上海科学技术文献出版社, 1996.

[32] 郝柏林．混沌——开创新科学 [M]. 上海：上海译文出版社, 1990.

[33] 吉志伟．混沌理论在建筑设计中的运用 [J]. 中外建筑, 2011（6）：58-59.

[34] 卫东风，闫子卿，张嵘．基于"块茎思想"之空间操作——以南京青奥会总部办公楼室内设计为例 [J]. 艺术生活, 2013（3）：66-69.

[35] 吕帅，赵一舟，徐卫国等．基于游牧空间思想的建筑空间生成方法初探——以茨城快速机场概念设计为例 [J]. 城市建筑, 2013（19）：30-33.

[36] 王航．建筑形态的进化——当代建筑设计中的进化思想 [J]. 建筑与文化, 2015（1）：184-185.

[37] Liu X, Tang M, Frazer J H. Shape Reconstruction by Genetic Algorithms and Artificial Neural Networks[J]. Journal of Shandong Normal University, 2003, 20（2）：129-151.

[38] 孙澄，韩昀松．光热性能考虑下的严寒地区办公建筑形态节能设计研究 [J]. 建筑学报, 2016：38-42.

[39] Konis K，Gamas A，Kensek K. Passive Performance and Building Form：An Optimization Framework for Early-Stage Design Support[J]. Solar Energy, 2016, 125：161-179.

[40] Jaime Gagne, Marilyne Andersen. A Generative Facade Design Method Based on Daylighting Performance Goals[J]. Journal of Building Performance Simulation, 2012, 5（3）：141-154.

[41] Turrin M，Buelow P V，Stouffs R. Design Explorations of Performance Driven Geometry in Architectural Design Using Parametric Modeling and Genetic Algorithms[J]. Advanced Engineering Informatics, 2011, 25（4）：656-675.

[42] 李建成．建筑信息模型与建筑设计无纸化 [J]. 建筑学报, 2009（11）：100-101.

[43] 方海.弗兰克·盖里毕尔巴鄂古根海姆博物馆 [M]. 北京：中国建筑工业出版社，2003.

[44] 尼尔·林奇，徐卫国.数字建构 [M]. 北京：中国建筑工业出版社，2008.

[45] 伍晖虹.扎哈·哈迪德在中国的建筑设计实践研究 [D]. 华南理工大学，2013.

[46] 矶崎新.上海喜马拉雅中心 [J]. 城市环境设计，2009（11）：76-79.

[47] 大辞海编辑委员会.大辞海.哲学卷 [M]. 上海：上海辞书出版社，2003：107.

[48] 田运.思维是什么 [J]. 北京理工大学学报（社会科学版），2000（2）：31-34.

[49] 布莱恩·劳森.设计思维—建筑设计过程解析：第3版 [M]. 北京：水利水电出版社，2007：104.

[50] 全国十二所重点师范大学联合编写组.心理学基础 [M]. 北京：教育科学出版社，2002：106-107.

[51] 莫雷.心理学 [M]. 广州：广东高等教育出版社，2000：144-146.

[52] 韩永昌.心理学 [M]. 上海：华东师范大学出版社，2005：109-111.

[53] 戴志中，卢峰，陈纲.建筑创作过程与表达 [M]. 山东：山东科学技术出版社，2005.3.

[54] 赵仲牧，何明.论思维的类型 [J]. 哲学研究，1992（10）：74-79.

[55] 赵仲牧.思维的界说和思维的三要素 [J]. 思想战线，1992（05）：27-31.

[56] 朱心怡，江滨.亚历杭德罗·阿拉维纳 来自前线的建筑大师 [J]. 中国勘察设计，2017（08）：78-85.

[57] 布莱恩·劳森，杨小东等.设计师怎样思考：解密设计 [M]. 北京：机械工业出版社，2008：185-187.

[58] 相南.建筑草图与设计的推进 [D]. 东南大学，2008.

[59] Rodgers P A, Green G, Mcgown A. Using Concept Sketches to Track Design Progress[J]. Design Studies, 2000, 21（5）: 451-464.

[60] 保罗·拉索，邱贤丰.图解思考：建筑表现技法 [M]. 北京：建筑工业出版社，2002.

[61] 周吉平.图式思维理论在建筑设计方法研究中的运用 [J]. 山西建筑，2005，31（18）：40-41.

[62] 褚冬竹.不确定的力量——浅议建筑设计中的草图 [J]. 新建筑，2008（3）：114-119.

[63] 姜玉艳，周官武.吉巴欧文化中心 传统与生态的现代诗意建构 [J]. 创意设计源，2012（01）：48-52.

[64] Hachem C, Athienitis A, Fazio P. Evaluation of Energy Supply and Demand in Solar Neighborhood[J]. Energy & Buildings, 2012, 49（2）: 335-347.

[65] Tereci A, Ozkan S T, Eicker U. Energy bench marking for residential buildings[J]. Energy & Buildings, 2013, 60（6）: 92-99.

[66] 赵璞真.20世纪现代建筑起源与流变过程中的基础性案例的梳理研究 [D]. 北京建筑大学，2018.

[67] 豪·鲍克斯.像建筑师那样思考 [M]. 山东：山东画报出版社，2009.

[68] Stiny G. What designers do that computers should[M]. The Electronic Design Studio. Massachusetts United States: MIT Press, 1990: 17-30.

[69] Frazer J H. An Evolutionary Architecture[M]. London: Architectural Association, 1995: 65-68.

[70] Celestino S. Generative Design Futuring Past[C]. Proceedings of GA2015 - XVIII

Generative Art Conference. 2015：18-31.

[71] 切莱斯蒂诺·索杜，刘临安. 变化多端的建筑生成设计法——针对表现未来建筑形态复杂性的一种设计方法 [J]. 建筑师，2004（6）：37-48.

[72] 李飚. 建筑生成设计：基于复杂系统的建筑设计计算机生成方法研究 [M]. 南京：东南大学出版社，2012.

[73] 李大夏，陈寿恒. 数字营造：建筑设计·运算逻辑·认知理论 [M]. 北京：中国建筑工业出版社，2009.

[74] 徐卫国. 参数化设计与算法生形 [J]. 世界建筑，2011（6）：110-111.

[75] 孙澄，韩昀松，姜宏国. 数字语境下建筑与环境互动设计探究 [J]. 新建筑，2013（4）：32-35.

[76] 黄蔚欣，徐卫国. 参数化非线性建筑设计中的多代理系统生成途径 [J]. 建筑技艺，2011（1）：42-45.

[77] 徐卫国. 数字图解 [J]. 时代建筑，2012，（05）：56-59.

[78] 李飚，季云竹. 图解建筑数字生成设计 [J]. 时代建筑，2016（5）：40-43.

[79] 刘子晨. 衍生结合性能驱动式设计初探 [J]. 建筑知识，2013，33（06）：117.

[80] 丹麦 BIG 建筑事务所. 漫画建筑进化论 [M]. 沈阳：辽宁科学技术出版社，2010.

[81] 孙澄，韩昀松. 绿色性能导向下的建筑数字化节能设计理论研究 [J]. 建筑学报，2016（11）：89-93.

[82] 魏喆，谭建荣，冯毅雄. 广义性能驱动的机械产品方案设计方法 [J]. 机械工程学报，2008，44（5）：1-10.

[83] Stylianos D. Performance-Driven Architectural Design [J]. Computational Constructs，2009：2-15.

[84] Echenagucia T M，Capozzoli A.，Cascone Y. The Early Design Stage of a Building Envelope：Multi-objective Search Through Heating，Cooling And Lighting Energy Performance Analysis[J]. Applied Energy，2015，154：577-591.

[85] Singh V，Gu N. Towards an Integrated Generative Design Framework[J]. Design Studies，2012，33（2）：185-207.

[86] Turrin M，Buelow P V，Kilian A. Performative Skins for Passive Climatic Comfort：A Parametric Design Process[J]. Automation in Construction，2012，22（4）：36-50.

[87] Jaime Gagne，Marilyne Andersen. A Generative Facade Design Method Based on Daylighting Performance Goals[J]. Journal of Building Performance Simulation，2012，5（3）：141-154.

[88] 李飚. 算法，让数字设计回归本原 [J]. 建筑学报，2017（5）：1-5.

[89] 孙澄，韩昀松，庄典. "性能驱动"思维下的动态建筑信息建模技术研究 [J]. 建筑学报，2017（8）：68-71.

[90] 张玲玲，杨绍亮. 弗雷·奥托与大跨度柔性结构建筑 [J]. 建筑师，2018（05）：83-90.

[91] 郭芳. Geco 在参数化建筑节能设计中的应用——以哈萨克斯坦阿斯塔纳国家图书馆窗洞设计为例 [J]. 城市建筑，2013（06）：222.

[92] Tedeschi A. AAD Algorithms-aided Design：Parametric Strategies Using

Grasshopper[M]. Italy : Edizioni Le Penseur，2014.

[93] 孙澄，韩昀松 . 寒冷气候区低能耗公共建筑空间性能驱动设计体系建构 [J]. 南方建筑，2013（03）：8-13.

[94] 罗嘉祥，宋姗，田宏钧 . Autodesk Revit 炼金术：Dynamo 基础实战教程 [M]. 上海：同济大学出版社，2017.

[95] 野城 ."梦露" MAD 的高层建筑实验 [J]. 时代建筑，2013（06）：105-109+104.

[96] 李紫微 . 性能导向的建筑方案阶段参数化设计优化策略与算法研究 [D]. 清华大学，2014.

[97] Kim H I. Study on Integrated Workflow for Designing Sustainable Tall Building-With Parametric method using Rhino Grasshopper and DIVA for Daylight Optimization[J]. KIEAE Journal，2016，6（5）：21-28.

[98] 王少军 . 基于建筑采光性能的参数化设计研究 [D]：西南科技大学，2016.

[99] Boton C，Kubicki S，Halin G. The Challenge of Level of Development in 4D/BIM Simulation Across AEC Project Lifecyle. A Case Study[J]. Procedia Engineering. 2015，（123）：59-67.

[100] 齐庆梅 . 建筑能耗模拟及 Equest&DeST 操作教程 [M]. 北京：中国建筑工业出版社，2014.

[101] 刘大龙，刘加平，杨柳 . 建筑能耗计算方法综述 [J]. 暖通空调 . 2013，43（1）：95-99.

[102] 云朋 . 建筑光环境模拟 [M]. 北京：中国建筑工业出版社，2010.

[103] Yaik-Wah L，Ossen D R，Ahmad M H. Empirical Validation of Daylight Simulation Tool with Physical Model Measurement[J]. American Journal of Applied Sciences. 2010，7（10）：1426-1431.

[104] 刘加平 . 建筑物理 [M]. 第四版 . 北京：中国建筑工业出版社，2009.

[105] 王飞翔 . 北京地区大进深办公室天然采光与人工照明节能关系的研究 [D]. 中国建筑科学研究院，2014.

[106] 中华人民共和国建设部 . 建筑采光设计标准 . GB 50033-2013 [S]. 北京：中国建筑工业出版社，2013.

[107] 张世俊，肖刚，李建勋，敬忠良，樊俊飞 . 一种可视化 CFD 网格生成方法 [J]. 系统工程与电子技术 . 2003，25（7）：901-904.

[108] 陶文铨 . 数值传热学 [M]. 西安：西安交通大学出版社，2001.

[109] Murakami S.，Mochida A.，Hayashi Y. Examining the κ-$\in$ model by means of a wind tunnel test and large-eddy simulation of the turbulence structure around a cube[J]. Journal of Wind Engineering & Industrial Aerodynamics. 1990，35（1）：87-100.

[110] 朱丹丹，燕达，王闯，洪天真 . 建筑能耗模拟软件对比：DeST、EnergyPlus and DOE-2[J]. 建筑科学 . 2012，28（s2）：213-22.

[111] Roudsari M S，Pak M. Ladybug：A Parametric Environmental Plugin for Grasshopper to Help Designers Create an Environment[C]. Proceedings of BS2013，13th Conference of International Building Performance Simulation

Association，Chambery，France，2013：3128-3135.

[112] T Dogan，C F Reinhart，P Michalatos. Autozoner：An Algorithm for Automatic Thermal Zoning of Buildings With Unknown Interior Space Definitions[J].Journal of Building Performance Simulation，2015（2）：176-189.

[113] 冯晶琛，丁云飞，吴会军. EnergyPlus 能耗模拟软件及其应用工具 [J]. 建筑节能. 2012，40（1）：64-67.

[114] 韩天辞. 鄂尔多斯 20+10 P22A 基于采光模拟的中庭优化设计方法 [D]. 清华大学，2012.

[115] Jakubiec J，Reinhart C. DIVA 2.0：Integrating Daylight and Thermal Simulations using Rhinoceros 3D，Daysim and EnergyPlus[C]. Proceedings of Building Simulation，12th Conference of International Building Performance Simulation Association，Sydney，2011：14-16.

[116] 罗涛，燕达，赵建平，王书晓. 天然光光环境模拟软件的对比研究 [J]. 建筑科学，2011，27（10）：1-6+12.

[117] 张洪瑞. 经济导向下寒地高层办公楼非透明围护结构节能设计研究 [D]. 哈尔滨工业大学，2017.

[118] Zeng Jia，Xing Kai，Sun Cheng. A Parametric Approach for Ascertaining Daylighting in Unit Offices with Perforated Solar Screens in Daylight Climate of Northeast China [C]. Proceedings of CAADRIA 2018，Bei Jing，2018：134-142 .

[119] Hooff T V，Blocken B. CFD evaluation of natural ventilation of indoor environments by theconcentration decay method：CO_2，gas dispersion from a semi-enclosed stadium[J]. Building & Environment，2013，61（3）：1-17.

[120] Chen H，Ooka R，Huang H. Study on Mitigation Measures for Outdoor Thermal Environment on Present Urban Blocks in Tokyo Using Coupled Simulation[J]. Building & Environment，2009，44（11）：2290-2299.

[121] 孙澄，邢凯，韩昀松. 数字语境下的建筑节能设计模式初探 [J]. 动感：生态城市与绿色建筑，2012（1）：38-41.

[122] Evins R. A Review of Computational Optimization Methods Applied to Sustainable Building Design[J]. Renewable & Sustainable Energy Reviews，2013，22（8）：230-245.

[123] 李建成. 数字化建筑设计概论 [M]. 第二版 . 北京：中国建筑工业出版社，2012.

[124] 孙澄，韩昀松，任惠 . 面向人工智能的建筑计算性设计研究 [J]. 建筑学报，2018（09）：98-104.

[125] 郑金华 . 多目标进化算法及其应用 [M]. 北京：科学出版社，2007.02.

[126] 黄天云 . 约束优化模式搜索法研究进展 [J]. 计算机学报，2008，（07）：1200-1215.

[127] Davidon W C. Variable metric method for minimization [J]. Technical Report，1966，1（1）：1-17.

[128] Jeeves T A. "Direct Search" Solution of Numerical and Statistical Problems[J]. Journal of the Acm，1961，8（2）：212-229.

[129] Kantorovitch L. A New Method of Solving of Some Classes of Extremal Problems[J]. Dokl.akad.nauk Sssr, 1940, 28 : 211-214.

[130] Dantzig G B. Linear Programming and Extensions[J]. Students Quarterly Journal, 1963, 34（136）: 242-243.

[131] 崔逊学. 多目标进化算法及其应用[M]. 北京：国防工业出版社，2006.6.

[132] Rudolph G. Convergence analysis of canonical genetic algorithms[J]. IEEE Transactions on Neural Networks, 1994, 5（1）: 96.

[133] Wolfram S. Theory and applications of cellular automata[M]. Washington, D.C. United States : World scientific, 1986.

[134] 张莉芳，胡建国. 进化策略与进化规划的异同[J]. 软件导刊，2011，10（12）: 35-36.

[135] Koza J R. Automatic Creation of Human-competitive Programs and Controllers by Means of Genetic Programming[J]. Genetic Programming and Evolvable Machines, 2000, 1 : 121-164.

[136] Koza J R. Genetic Programming : On the Programming of Computers by means of Natural Selection[M]. Cambridge, MA United States : MIT Press, 1992.

[137] Koza J R. Genetic programming Ⅱ : Automatic Discovery of Reusable Programs[M]. Cambridge, MA, United States : MIT Press, 1994.

[138] Peter Nordin. Book review : Genetic programming Ⅲ : Darwinian Invention and Problem Solving[J]. Evolutionary Computation, 1999, 7（4）: 451-453.

[139] 陈志卫，王万良，万跃华，张聚，赵燕伟. 遗传规划研究的现状及发展[J]. 浙江工业大学学报，2003，（02）: 37-43.

[140] 韩昀松. 严寒地区办公建筑形态数字化节能设计研究[D]. 哈尔滨工业大学，2016.

[141] Fonseca C M, Fleming P J. Genetic Algorithms for Multiobjective Optimization : FormulationDiscussion and Generalization[C]. Proceedings of International Conference on Genetic Algorithms. Morgan Kaufmann Publishers Inc. 1993 : 416-423.

[142] Srinivas N, Deb K. Multiobjective Optimization Using Nondominated Sorting in Genetic Algorithms. Evolutionary Computation 2（3）, 221-248[J]. Evolutionary Computation, 1994, 2（3）: 221-248.

[143] 李莉. 基于遗传算法的多目标寻优策略的应用研究[D]. 江南大学，2008.

[144] Horn J, Nafpliotis N, Goldberg D E A Niched Pareto Genetic Algorithm for Multiobjective Optimization[C]. Evolutionary Computation. Proceedings of the First IEEE Conference on. IEEE, IEEE World Congress on Computational Intelligence, 2002 : 82-87.

[145] Zitzler E, Thiele L. An Evolutionary Algorithm for Multiobjective Optimization : The Strength Pareto Approach[J]. IEEE Transactions on Evolutionary Computation , 1999, 3（2）: 257-271.

[146] Geem Z W, Kim J H, Loganathan G V. A New Heuristic Optimization Algorithm : Harmony Search[J]. Simulation, 2001, 76（2）: 60-68.

[147] Kennedy J, Eberhart R. Particle swarm optimization[A]. Proceedings of IEEE

International Conference on Neural Networks. IEEE International Conference on Neural Networks [C]. 1995：1942-1948.

[148] 耿振余，陈治湘，黄路炜，李德龙，刘思彤，周宏升，王立华编著. 软计算方法及其军事应用 [M]. 北京：国防工业出版社，2015.12.

[149] 沈显君. 自适应粒子群优化算法及其应用 [M]. 北京：清华大学出版社，2015.

[150] 郁磊，史峰，王辉，胡斐编著. MATLAB 智能算法 30 个案例分析. 第二版 .[M]. 北京：北京航空航天大学出版社，2015.09.

[151] 李彤 .Octopus 智能优化插件的介绍及其应用——Grasshopper 平台上的一款多目标优化软件 [J]. 城市建筑，2016（6）.

[152] 翟炳博，徐卫国. 基于遗传算法理论的绿色建筑优化设计研究 [A]. 全国高校建筑学学科专业指导委员会、建筑数字技术教学工作委员会. 数字建构文化——2015 年全国建筑院系建筑数字技术教学研讨会论文集 [C]. 全国高校建筑学学科专业指导委员会、建筑数字技术教学工作委员会，2015：6.

[153] Tutorials of Grasshopper3d HomePage[EB/OL]. Https：//www.grasshopper3d. com/page/tutorials-1.

[154] 张龙巍，黄勇. 数字技术下的建筑形体环境适应性拓扑优化 [J]. 城市建筑，2017，（04）：30-33.

[155] Tutorials of modeFrontier[EB/OL]. https：//www.esteco.com/modefrontier.

[156] 高瑜. 基于非线性分析的拓扑优化设计研究 [D]. 西安建筑科技大学，2015.

[157] Huang Y，Niu J L. Optimal Building Envelope Design Based on Simulated Performance：History，Current Status and New Potentials[J]. Energy & Buildings，2016，117：387-398.

[158] 杨世文，许小健. MATLAB 优化工具箱在结构优化设计中的应用 [J]. 科学技术与工程，2008（05）：1347-1349.

[159] 黄文进. 基于空间句法和 MATLAB 的 CBD 步行廊道与城市活力耦合关系研究 [D]. 山东大学，2015.

[160] Ascione F，Bianco N，Stasio C D. A New Methodology for Cost-Optimal Analysis by Means of the Multi-Objective Optimization of Building Energy Performance[J]. Energy & Buildings，2015，88：78-90.

[161] 杨丽晓. 日照辐射驱动的寒地高层办公建筑组群形态节能优化研究 [D]. 哈尔滨工业大学，2018.

[162] 王瑶. 浅谈勒·柯布西耶的"新建筑五点"——新建筑五点在勒·柯布西耶作品中的完美体现 [J]. 西部皮革，2018，40（02）：132.

[163] 朱鸣，王春磊. 使用犀牛软件及 Grasshopper 插件实现双层网壳结构快速建模 [J]. 建筑结构，2012，42（S2）：424-427.

[164] 杨阳. 基于 MAYA 软件的动画数字技术模型构建 [J]. 数字技术与应用，2016（06）：70+75.

[165] 夏春海，朱颖心，林波荣. 方案设计阶段建筑性能模拟方法综述 [J]. 暖通空调，2007，（12）：32-40.

[166] Rendering with Radiance（the book）HomePage[EB/OL]. HTTP：//radsite.lbl.

gov/radiance/book.

[167] Reinhart C F, Walkenhorst O. Dynamic RADIANCE-based Daylight Simulations for a Full-Scale Test Office with Outer Venetian Blinds[J]. Energy & Buildings, 2001 (33): 683-697.

[168] Reinhart C F, J Wienold. The Daylighting Dashboard-A Simulation-Based Design Analysis for Daylit Spaces[J]. Building and Environment, 2011 (46): 386-396.

[169] Mehlika Inanici, Jim Galvin. Evaluation of High Dynamic Range Photography as a Luminance Mapping Technique. Lawrence Berkeley National Laboratory. 2004.12.

[170] Suk J Y, Schiler M, Kensek K. Investigation of Existing Discomfort Glare Indices Using Human Subject Study Data[J]. Building & Environment, 2017, 113: 121-130.

[171] Kong Z, Utzinger M. Comparing point-in-time and annual DGP glare estimates[C]. Les Conference, 2015.

[172] 孙澄, 刘蕾, 孔哲. HDR-I技术应用于光环境性能实测的方法 [J]. 照明工程学报, 2017, 28 (02): 65-69+83.

[173] 刘蕾. 基于光热性能模拟的严寒地区办公建筑低能耗设计策略研究 [D]. 哈尔滨工业大学, 2017.

[174] 赵秀芳. 康巴艺术中心图书馆基于传统建筑光环境的照明设计方法 [D]. 清华大学, 2013.

[175] Fluent Airpak 3.0 users'guide[EB/OL]. http://www.ce.utexas.edu/prof/novoselac/classes/are372/handouts/airpakuserguide.

[176] 赵荣义, 范存养等编. 空气调节 [M]. 北京: 中国建筑工业出版社, 1998.

[177] Fanger P O. Thermal Comfort. Analysis and applications in environmental engineerimg[M]. McGraw-HILL Inc New York, 1970.

[178] Fini A S, Moosavi A. Effects of "Wall Angularity of Atrium" on "Buildings Natural Ventilation and Thermal Performance" and CFD Model[J]. Energy & Buildings, 2016, 121: 265-283.

[179] 芮睿. 基于疏散仿真的大空间公共建筑流线设计研究 [D]. 哈尔滨工业大学, 2014.

[180] 李彤. 基于太阳热辐射的建筑形体生成研究 [D]. 南京大学, 2016.

[181] Deb K, Kalyanmoy D. Multi-objective Optimization Using Evolutionary Algorithms [A]. New York: John Wiley & Sons, 2008.

[182] Users'Guide of Octopus [EB/OL]. http://www.grasshopper3d.com/grop/octopus.

[183] 张少飞. 基于 Galapagos 和 Octopus 的自然采光优化设计方法论证 [D]. 天津大学, 2017.

[184] Khoshnevis B. Automated Construction by Contour Crafting—Related Robotics and Information Technologies[J]. Automation in Construction, 2004, 13 (1): 5-19.

[185] Durrant-Whyte H, ROY N, Abbeel P. Construction of Cubic Structures with Quadrotor Teams[C]. Robotics : Science & Systems Vii, Los Angeles : MIT Press, 2011 : 177-184.

[186] Willmann J, Augugliaro F, Cadalbert T. Aerial Robotic Construction Towards a New Field of Architectural Research[J]. International Journal of Architectural Computing, 2012, 10（10）: 439-460.

[187] Ercan S, Gramazio F, Kohler M. Mobile Robotic Fabrication on Construction Sites : DimRob[C]. Proceedings of International Conference on Intelligent Robots and Systems. 2012 : 4335-4341.

[188] Nigl F, Li S, Blum J E. Structure-Reconfiguring Robots : Autonomous Truss Reconfiguration and Manipulation[J]. IEEE Robotics & Automation Magazine, 2013, 20（3）: 60-71.

[189] Hoyt R P. SpiderFab : An Architecture for Self-Fabricating Space Systems[C]. Proceedings of AIAA SPACE 2013 Conference and Exposition, San Diego, CA, 2013 : 2514-2531.

[190] KEATING S. From bacteria to buildings : Additive Manufacturing Outside the Box[D]. Boston : Massachusetts Institute of Technology, 2016.

[191] 贾永恒, 孙澄. 视觉引导下的机器人自主建造流程及发展趋势探究 [J]. 城市建筑, 2018（19）: 56-59.

[192] 王风涛. 基于高级几何学复杂建筑形体的生成及建造研究 [D]. 清华大学, 2012.

[193] 马岩松. 中钢国际广场 [J]. 城市建筑, 2007（10）: 40-42.

[194] 孙霞, 吴自勤, 黄畇. 分形原理及其应用 [M]. 合肥 : 中国科学技术大学出版社, 2003.

[195] 林鸿溢, 李映雪. 分形论——奇异性探索 [M]. 北京 : 北京理工大学出版社, 1992.

[196] 伊东丰雄, 塞西尔·贝尔蒙德. 蛇形画廊 2002[J]. 建筑创作, 2014（01）: 306-311.

[197] 黄源. 形式问题 : 纯粹与杂糅——台中大都会歌剧院设计方案分析 [J]. 建筑师, 2014（05）: 61-68.

[198] 台中市政府. 台中大都会歌剧院 [J]. 建筑创作, 2014（01）: 80-125.

[199] 袁烽. 柴华. 数学孪生—关于 2017 年上海"数学未来"活动"可视化"与"物理化"主题的讨论 [J]. 时代建筑 .2018（01）: 17-23.

[200] 谢世坤, 黄菊花, 桂国庆, 郑慧玲 参数化网格划分方法研究及其系统实现 [J]. 中国机械工程, 2007,（03）: 313-316.

[201] 张昌芳, 刘家福. 自然的魅力——"水立方"与肥皂泡理论 [J]. 科学, 2008, 60（05）: 49-51+4.

[202] Dandan Wang. 国家游泳中心水上公园, 北京, 中国 [J]. 世界建筑, 2018（12）: 98-103.

[203] 郭小伟. 基于数字技术的建筑表皮生成方法研究 [D]. 北京交通大学, 2014.

[204] 凤凰空间. 北京世界著名建筑设计事务所 : MVRDV [M]. 南京 : 江苏科学技术出版社, 2014.

[205] 蔡凯臻, 王建国. 阿尔瓦罗·西扎 [M]. 北京 : 中国建筑工业出版社, 2005.

[206] Lisa Iwamoto. Digital Fabrications[M]. New York : Princeton Architectural

Press，2009.

[207] 先锋空间 . 100XN 建筑造型与表皮 Ⅱ [M]. 南京：江苏科学技术出版社，2013.

[208] 王聪，孙澄，贾永恒 . 结构性能导向下的非标准形态混凝土数字化成型研究 [J]. 建筑技艺，2019（09）：28-32.

[209] 黄蔚欣 . 参数化时代的数控加工与建造 [J]. 城市建筑，2011（9）：25-27.

[210] 袁烽，柴华 . 机器人木构工艺 [J]. 西部人居环境学刊，2016，31（6）：1-7.

[211] Willmann J, Knauss M, Apolinarska A. A. Robotic Timber Construction-Expanding Additive Fabrication to New Dimensions[J]. Automation in Construction, 2016, 61 : 16-23.

[212] 陈梦晨，董健，黄超然 . 浅谈国内 3D 打印应用于建筑业的现状及问题 [J]. 建筑工程技术与设计，2015（30）：1610-1611.

[213] 袁烽，尼尔·里奇 . 建筑数字化建造 [M]. 上海：同济大学出版社，2012.

[214] Ghang Lee, Seonwoo Kim. Case Study of Mass Customization of Double-Curved Metal Façade Panels Using a New Hybrid Sheet Metal Processing Technique[J]. Journal of Construction Engineering and Management, 2012（11）: 64-82.

[215] 李晓岸 . 不规则曲面金属表皮的优化设计与建造——以东大门设计广场为例 [J]. 建筑技艺，2015（10）：94-99.

[216] Gramazio F, Kohler M, Willmann J. The Robotic Touch : How Robots Change Architecture : Gramazio & Kohler, research ETH Zurich 2005-2013[M]. 87 Salusbury Road, London : Park Books，2014.

[217] M C Ferraz. A Phenomenological Understanding of Fjordenhus Building in Vejle, Denmark The Role of "Art-and-Architecture" on Contemporaneity[D]. Universiteit Leiden，2019.

[218] 陈志贤 . 面向复杂环境的服务机器人自主规划方法研究 [D]. 中国科学院大学（中国科学院深圳先进技术研究院），2019.

[219] odico Construction Roberts HomePage[EB/OL]. https : //www.odico.dk/en/references/kirk-kapital-3.

后 记

人工智能时代为自然与社会科学的新发展提供了强大动力和广阔空间。建筑学这一古老学科在新时代焕发出勃勃生机，呈现出智能化与计算性发展趋向，涌现出多元化创新与探索。

笔者涉足参数化建筑设计研究领域迄今已十余载，期间带领团队不断溯源其理论、凝练其方法，研发技术工具、展开实践探索，力求解析建筑参数化设计中的热点问题，通"参数化设计"之变，成"建筑学发展"之言，未有懈怠。所有这些，都成为本书扎实的写作基础。

本书成稿历时三年，笔者始终谨记其作为住房城乡建设部土建类学科专业"十三五"规划教材的分量。写作过程中反复斟酌、几易其稿，希望能为有心深入学习建筑参数化设计的读者提供一本全面详实、科学严谨的专业教材，也能为无暇细读的读者呈现一本直白平易、图文并茂的参考书籍。若能达成，将是笔者编著此书最大的欣慰。

研究团队的成员以极大热忱投入到本书的编撰工作，感谢刘莹、韩昀松、董琪、刘蕾等老师及贾永恒等同学为本书付出的辛勤工作。编写团队虽力求完满，但限于时间与篇幅，仍难免存有疏漏、片面之处，敬请读者不吝批评指正。

最后，在本书即将付梓之际，请允许我对中国建筑工业出版社作出的贡献、各界贤达的帮助指导，特别是陈桦女士、王惠女士的大力协助表示衷心的感谢！

孙澄

2019 年 11 月于哈尔滨